Wissenschaftliche Taschenbücher

Mathematik · Physik

Harry Pfeifer

Schaltungen mit Elektronenröhren

Elektronik für den Physiker III

Akademie-Verlag · Berlin
Pergamon Press · Oxford
Vieweg + Sohn · Braunschweig

WTB Wissenschaftliche Taschenbücher

ROLF BORSDORF/MANFRED SCHOLZ
Spektroskopische Methoden in der organischen Chemie

WERNER HABERDITZL
Magnetochemie

GERHARD HEBER
Mathematische Hilfsmittel der Physik, Teil I und II

A. A. SOKOLOW
Elementarteilchen

HEINZ AHRENS
Varianzanalyse

HANS-JÜRGEN TREDER
Relativität und Kosmos
Raum und Zeit in der Physik, Astronomie und Kosmologie

ALBERT EINSTEIN
Grundzüge der Relativitätstheorie

ALBERT EINSTEIN
Über die spezielle und die allgemeine Relativitätstheorie

GÜNTHER LUDWIG
Wellenmechanik. Einführung und Originaltexte

HARRY PAUL
Lasertheorie, Teil I und II

FRANZ RUDOLF KESSLER
Einführung in die physikalischen Grundlagen der Kernenergiegewinnung

EBERHARD HOFMANN
Eiweiße und Nucleinsäuren als biologische Makromoleküle
Dynamische Biochemie, Teil I

EBERHARD TEUSCHER
Pharmakognosie, Teil I und II

D. TER HAAR
Quantentheorie. Einführung und Originaltexte

J. H. SANDERS
Die Lichtgeschwindigkeit

JEAN KUNTZMANN
Unendliche Reihen
Mathematische Hilfsmittel der Physik und Chemie
Mit 94 Übungen und 29 Aufgaben

JEAN KUNTZMANN
Systeme von Differentialgleichungen
Mathematische Hilfsmittel der Physik und Chemie
Mit 88 Übungen und 40 Aufgaben

JEAN KUNTZMANN
Komplexe Veränderliche
Mathematische Hilfsmittel der Physik und Chemie
Mit 90 Übungen und 37 Aufgaben

FERDINAND CAP
Einführung in die Plasmaphysik
I. Theoretische Grundlagen
— insgesamt 3 Bände —

J. A. ROSANOW
Wahrscheinlichkeitstheorie

SIEGFRIED HAUPTMANN
Über den Ablauf organisch-chemischer Reaktionen

STEPHEN G. BRUSH
Kinetische Theorie, Teil I und II

HARRY PFEIFER
Theorie linearer Bauelemente
Elektronik für den Physiker I

HARRY PFEIFER
Die Elektronenröhre
Elektronik für den Physiker II

HARRY PFEIFER
Schaltungen mit Elektronenröhren
Elektronik für den Physiker III

Vorschau auf die nächsten Bände:

GERHARD HÜBNER
Die Rolle des Wassers

HARRY PFEIFER
Leitungen und Antennen
Elektronik für den Physiker IV

HARRY PFEIFER
Mikrowellenelektronik
Elektronik für den Physiker V

HARRY PFEIFER
Halbleiterphysik
Elektronik für den Physiker VI

EBERHARD HOFMANN
Enzyme und energieliefernde Stoffwechselreaktionen
Dynamische Biochemie, Teil II

PETER KRUMBIEGEL
Isotopieeffekte

D. M. BRINK
Kernkräfte. Einführung und Originaltexte

HERBERT GOERING
Elementare Methoden zur Lösung von Differentialgleichungsproblemen

DIETER ONKEN
Steroide
Zur Chemie und Anwendung

ARTHUR P. CRACKNELL
Angewandte Gruppentheorie
Einführung und Originaltexte

WTB

BAND 40

Harry Pfeifer

Schaltungen mit Elektronenröhren

Elektronik für den Physiker III

Mit 67 Abbildungen und 3 Tabellen

AKADEMIE-VERLAG · BERLIN

PERGAMON PRESS · OXFORD

VIEWEG + SOHN · BRAUNSCHWEIG

Reihe MATHEMATIK UND PHYSIK

Herausgeber:
Prof. Dr. rer. nat. habil. G. Heber, Dresden
Prof. Dr. phil. habil. W. Holzmüller, Leipzig
Prof. Dr. phil. habil. A. Lösche, Leipzig
Prof. Dr. phil. habil. H. Reichardt, Berlin
Prof. Dr. phil. habil. J. Schintlmeister, Dresden
Prof. Dr. phil. habil. K. Schröder, Berlin
Prof. Dr. phil. habil. K. Schröter, Berlin
Prof. Dr. rer. nat. habil. H.-J. Treder, Potsdam

Verantwortlicher Herausgeber dieses Bandes:
Prof. Dr. W. Holzmüller

Verfasser:
Prof. Dr. H. Pfeifer
Sektion Physik der Karl-Marx-Universität Leipzig

1970
2., berichtigte und überarbeitete Auflage

Lizenznummer: 202 · 100/434/70
Herstellung: VEB Druckhaus „Maxim Gorki", 74 Altenburg
Bestellnummer: Akademie-Verlag 7040 · ES 20 K 1/18 B 6
Pergamon Press 08 017566 X
Vieweg + Sohn 6040
Printed in German Democratic Republic

Inhaltsverzeichnis

Teil III: Schaltungen mit Elektronenröhren

0. Einleitung

Die verwendeten Symbole entsprechen im wesentlichen den Empfehlungen der „Internationalen Union für reine und angewandte Physik (IUPAP)", die als Document U.I.P. 11 (S.U.N. 65—3) (1965) veröffentlicht wurden.

Zur Kennzeichnung der verschiedenen Darstellungen bzw. Anteile einer physikalischen Größe gilt:

Augenblickswert: gewöhnlicher Buchstabe (a),
Gleichanteil: Buchstabe überstrichen ($\overline{a}$),
Komplexe Amplitude: Buchstabe unterstrichen ($\underline{a}$),
Scheitelwert: Buchstabe mit Akzent ($\breve{a}$), also gilt $|\underline{a}| = \breve{a}$,
Operator: Buchstabe mit Tilde ($\tilde{a}$),
Vektor: Buchstabe halbfett und kursiv ($\boldsymbol{a}$),
Tensor: Buchstabe halbfett und gerade ($\mathbf{a}$).

Damit ergibt sich beispielsweise

$$\begin{aligned} a &= \bar{a} + \breve{a}\cos(\omega t + \varphi) \\ &= \bar{a} + \operatorname{Re}\{\breve{a}\exp(j(\omega t + \varphi))\} \\ &= \bar{a} + \operatorname{Re}\{\underline{a}\exp(j\omega t)\} \end{aligned}$$

wegen

$$\underline{a} = \breve{a}\exp(j\varphi).$$

Diese Vereinbarung mußte gewählt werden, da die konsequente Anwendung von DIN 1344 bzw. DIN 5483 in der Physik zu Schwierigkeiten mit den IUPAP-Empfehlungen (verschiedene Bedeutung von Groß- und Kleinbuchstaben) führen würde.

Eine Zusammenstellung der wichtigsten Symbole und die Bedeutung, die sie in den meisten Fällen besitzen, findet man im Teil I dieser Reihe. Alle anderen Formelzeichen, die im Text oder in den Abbildungen neu eingeführt werden, sind am Kopf der Seite vermerkt. Dies gilt insbesondere auch für solche Symbole, die in dem betreffenden Abschnitt eine andere Bedeutung besitzen als gewöhnlich.

13. Vierpolgleichungen der Elektronenröhre

Bei der folgenden Behandlung vernachlässigen wir alle Verzerrungen, die auf der Nichtlinearität der Röhrenkennlinie beruhen, d. h., wir betrachten nur kleine Wechselspannungen und Wechselströme, wie sie bei Anfangsstufenverstärkern in Frage kommen. Dann gilt gemäß der Definition von Steilheit S und innerem Widerstand R_i

$$\underline{I}_a = S\,\underline{U}_g + \frac{1}{R_i}\,\underline{U}_a. \tag{13.1}$$

Dabei wurden aber alle Kapazitäten und Verlustwiderstände zwischen den Röhrenelektroden vernachlässigt. Im allgemeinen Fall nehmen wir an, daß zwischen den Elektrodenanschlüssen komplexe Widerstände liegen (vgl. Abb. 13.1), so daß sich auf Grund von Gl. (13.1) und der Kirchhoffschen Regeln die beiden Gleichungen

$$\underline{I}_a = S\,\underline{U}_g + \left(\frac{1}{R_i} + \frac{1}{\underline{Z}_{ak}}\right)\underline{U}_a + (\underline{U}_a - \underline{U}_g)\,\frac{1}{\underline{Z}_{ag}}, \tag{13.2}$$

$$\underline{I}_g = \underline{U}_g\,\frac{1}{\underline{Z}_{gk}} + (\underline{U}_g - \underline{U}_a)\,\frac{1}{\underline{Z}_{ag}} \tag{13.3}$$

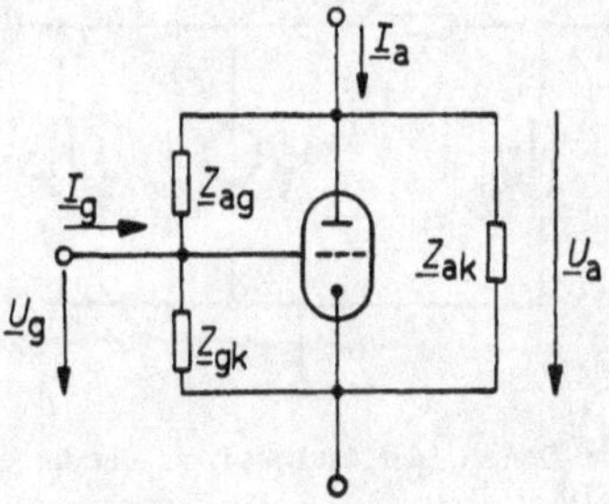

Abb. 13.1. Ersatzschaltbild einer Triode bei Berücksichtigung der Widerstände zwischen den einzelnen Elektroden

ergeben. Daraus folgen dann, wenn wir noch die Größe $\underline{Z}_i$ durch die Beziehung

$$\frac{1}{\underline{Z}_i} = \frac{1}{R_i} + \frac{1}{\underline{Z}_{ak}} \tag{13.4}$$

einführen, die allgemeinen Vierpolgleichungen der Triode:

$$\underline{I}_a = \underline{U}_g \left(S - \frac{1}{\underline{Z}_{ag}}\right) + \underline{U}_a \left(\frac{1}{\underline{Z}_i} + \frac{1}{\underline{Z}_{ag}}\right), \tag{13.5}$$

$$\underline{I}_g = \underline{U}_g \left(\frac{1}{\underline{Z}_{gk}} + \frac{1}{\underline{Z}_{ag}}\right) + \underline{U}_a \left(-\frac{1}{\underline{Z}_{ag}}\right). \tag{13.6}$$

Den endlichen Eingangswiderstand von Trioden infolge des Anlaufstromes kann man sich dabei in dem Widerstand $\underline{Z}_{gk}$ mit berücksichtigt denken. Dagegen sind die Impedanzen der Zuleitungsdrähte (Induktivitäten), die bei hohen Frequenzen eine Rolle spielen können (vgl. Teil V), in diesen Gleichungen nicht mit erfaßt.

Wie sich leicht nachprüfen läßt, gelten für den in Abb. 13.2 gezeigten aktiven Dreipol („aktiv“ wegen der

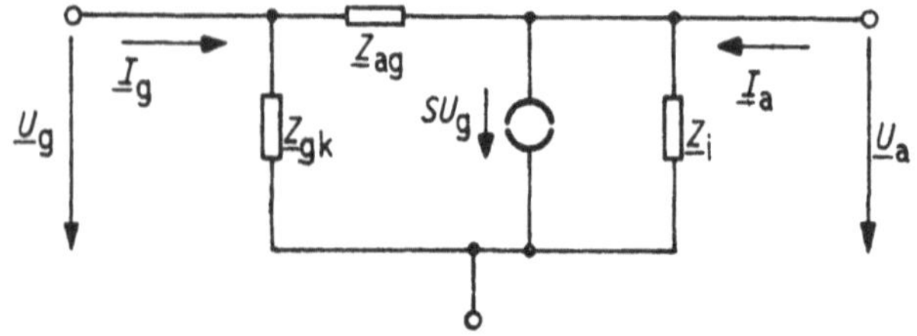

Abb. 13.2. Aktiver Dreipol, der äquivalent zu der in Abb. 13.1 gezeigten Triode ist
Zur Bedeutung des Zeichens –○– vgl. S. 37

Stromquelle $S\underline{U}_g$) dieselben Beziehungen zwischen $\underline{I}_a$, $\underline{I}_g$, $\underline{U}_g$ und $\underline{U}_a$, wie sie durch die Gleichungen (13.5) und (13.6) dargestellt werden, so daß man Trioden in Schaltskizzen durch einen solchen Dreipol ersetzen kann.

Wenn eine Triode als Vierpol (z. B. als Verstärker) geschaltet werden soll, so gibt es prinzipiell drei Möglichkeiten, und zwar spricht man, je nachdem, ob die Katode, die Anode oder das Gitter dem Eingangs- und dem Ausgangskreis gemeinsam ist, von einer Katodenbasis-, Anodenbasis- oder Gitterbasisschaltung (vgl. Abb. 13.3).

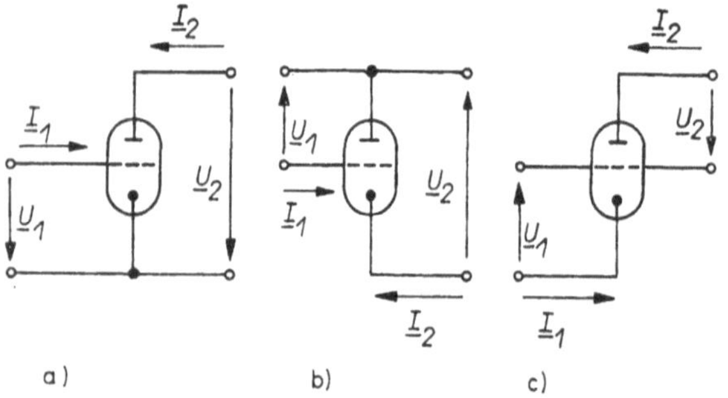

Abb. 13.3. Triode in Katodenbasis- (*a*), Anodenbasis- (*b*) bzw. Gitterbasisschaltung (*c*)
Die Widerstände $\underline{Z}_{ag}$, $\underline{Z}_{gk}$ und $\underline{Z}_{ak}$ sind der Übersichtlichkeit halber nicht mit eingezeichnet

Durch einen Vergleich der Abbildungen 13.3 und 13.1 erhält man für die Katodenbasisschaltung

$$\left.\begin{array}{ll} \underline{U}_1 = \underline{U}_g, & \underline{U}_2 = \underline{U}_a, \\ \underline{I}_1 = \underline{I}_g, & \underline{I}_2 = \underline{I}_a, \end{array}\right\} \tag{13.7}$$

für die Anodenbasisschaltung

$$\left.\begin{array}{ll} \underline{U}_1 = -(\underline{U}_a - \underline{U}_g), & \underline{U}_2 = -\underline{U}_a, \\ \underline{I}_1 = \underline{I}_g, & \underline{I}_2 = -(\underline{I}_a + \underline{I}_g) \end{array}\right\} \tag{13.8}$$

und für die Gitterbasisschaltung

$$\left.\begin{array}{ll} \underline{U}_1 = -\underline{U}_g, & \underline{U}_2 = \underline{U}_a - \underline{U}_g, \\ \underline{I}_1 = -(\underline{I}_g + \underline{I}_a), & \underline{I}_2 = \underline{I}_a. \end{array}\right\} \tag{13.9}$$

Ersetzt man auf Grund dieser Beziehung $\underline{U}_g$, $\underline{I}_g$, $\underline{U}_a$ und $\underline{I}_a$ in den Gleichungen (13.5) und (13.6) durch $\underline{U}_1$, $\underline{I}_1$, $\underline{U}_2$ und $\underline{I}_2$ und löst nach $\underline{I}_1$ und $\underline{I}_2$ auf, so erhält man in allen drei Fällen die Form

$$\left.\begin{array}{l} \underline{I}_1 = \underline{a}\,\underline{U}_1 + \underline{b}\,\underline{U}_2, \\ \underline{I}_2 = \underline{c}\,\underline{U}_1 + \underline{d}\,\underline{U}_2, \end{array}\right\} \tag{13.10}$$

wobei die Koeffizienten für die drei Fälle in Tab. 13.1 zusammengestellt sind.

Mit den Gleichungen (13.10) und Tab. 13.1 lassen sich alle wichtigen Größen (z. B. Spannungsverstärkung, Eingangswiderstand, Ausgangswiderstand usw.) der drei Schaltungsarten leicht angeben.

Die Spannungsverstärkung $\underline{V}$ ergibt sich (vgl. Abb. 13.4), indem wir in Gl. (13.10) $\underline{I}_2$ durch den Quotienten

Tabelle 13.1. Bedeutung der Koeffizienten in den Gleichungen (13.10) für die drei möglichen Schaltungen einer Triode als Vierpol

	$\underline{a}$	$\underline{b}$	$\underline{c}$	$\underline{d}$
Katodenbasis-schaltung	$\frac{1}{\underline{Z}_{gk}} + \frac{1}{\underline{Z}_{ag}}$	$-\frac{1}{\underline{Z}_{ag}}$	$S - \frac{1}{\underline{Z}_{ag}}$	$\frac{1}{\underline{Z}_i} + \frac{1}{\underline{Z}_{ag}}$
Anodenbasis-schaltung	$\frac{1}{\underline{Z}_{gk}} + \frac{1}{\underline{Z}_{ag}}$	$-\frac{1}{\underline{Z}_{gk}}$	$-S - \frac{1}{\underline{Z}_{gk}}$	$\frac{1}{\underline{Z}_{gk}} + S + \frac{1}{\underline{Z}_i}$
Gitterbasis-schaltung	$S + \frac{1}{\underline{Z}_i} + \frac{1}{\underline{Z}_{gk}}$	$-\frac{1}{\underline{Z}_i}$	$-S - \frac{1}{\underline{Z}_i}$	$\frac{1}{\underline{Z}_i} + \frac{1}{\underline{Z}_{ag}}$

Abb. 13.4. Zur Bestimmung der Spannungsverstärkung und des Eingangswiderstandes

$-\underline{U}_2/\underline{Z}$ ersetzen:

$$-\frac{\underline{U}_2}{\underline{Z}} = \underline{c}\,\underline{U}_1 + \underline{d}\,\underline{U}_2, \tag{13.11}$$

und das Verhältnis $\underline{U}_2/\underline{U}_1$ bilden:

$$\underline{V} = \frac{\underline{U}_2}{\underline{U}_1} = -\frac{\underline{c}}{\underline{d} + \frac{1}{\underline{Z}}}. \tag{13.12}$$

Für die Katodenbasisschaltung erhalten wir dann

$$\underline{V}_K = \frac{-S + \frac{1}{\underline{Z}_{ag}}}{\frac{1}{\underline{Z}} + \frac{1}{\underline{Z}_i} + \frac{1}{\underline{Z}_{ag}}} \approx -S\left(\frac{1}{\underline{Z}} + \frac{1}{\underline{Z}_i}\right)^{-1} \quad \text{für } |\underline{Z}_{ag}| \to \infty, \tag{13.13}$$

für die Anodenbasisschaltung

$$\underline{V}_A = \frac{S + \dfrac{1}{\underline{Z}_{gk}}}{\dfrac{1}{\underline{Z}} + \dfrac{1}{\underline{Z}_i} + S + \dfrac{1}{\underline{Z}_{gk}}} \approx S\left(\frac{1}{\underline{Z}} + \frac{1}{\underline{Z}_i} + S\right)^{-1}$$

$$\text{für } |\underline{Z}_{gk}| \to \infty \qquad (13.14)$$

und für die Gitterbasisschaltung

$$\underline{V}_G = \frac{S + \dfrac{1}{\underline{Z}_i}}{\dfrac{1}{\underline{Z}} + \dfrac{1}{\underline{Z}_i} + \dfrac{1}{\underline{Z}_{ag}}} \approx -\underline{V}_K \qquad (13.15)$$

$$\text{für } |\underline{Z}_{ag}| \to \infty, \; S \gg \frac{1}{|\underline{Z}_i|}.$$

Nehmen wir an, daß alle Widerstände reell und die Bedingungen für die Näherungen in den Gleichungen (13.13), (13.14) und (13.15) erfüllt sind, so ergeben sich für die Abhängigkeit der Verstärkung vom Außenwiderstand die in Abb. 13.5 dargestellten Kurven, aus denen man

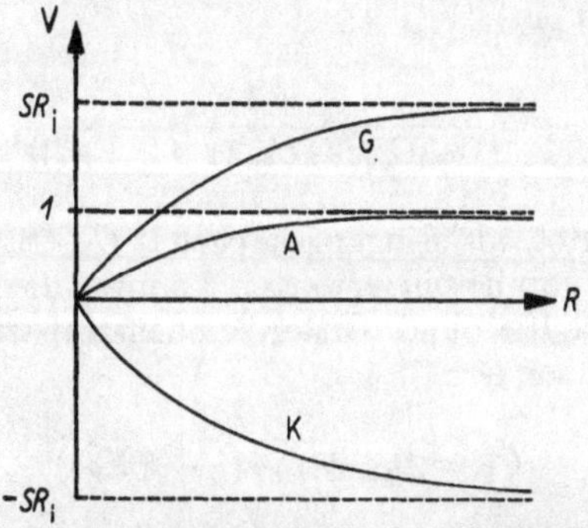

Abb. 13.5. Spannungsverstärkung für die Katodenbasis- (K), die Anodenbasis- (A) und die Gitterbasisschaltung (G), sofern der Außenwiderstand reell ist ($\underline{Z} = R$) und die komplexen Widerstände zwischen den Elektrodenanschlüssen (vgl. Abb. 13.1) vernachlässigbar sind

insbesondere ersieht, daß die Spannungsverstärkung in der Anodenbasisschaltung stets kleiner als 1 ist.

Zur Berechnung des Eingangswiderstandes

$$\underline{Z}_E = \frac{\underline{U}_1}{\underline{I}_1} \tag{13.16}$$

ersetzen wir in den Gleichungen (13.10) $\underline{I}_2$ durch $-\underline{U}_2/\underline{Z}$ (vgl. Abb. 13.4) und erhalten

$$\underline{Z}_E = \frac{1}{\underline{a} + \underline{b}\,\underline{V}}. \tag{13.17}$$

Für die Katodenbasisschaltung ergibt sich also (vgl. Tab. 13.1)

$$\underline{Z}_{EK} = \frac{1}{\dfrac{1}{\underline{Z}_{gk}} + \dfrac{1}{\underline{Z}_{ag}}(1 - \underline{V}_K)} \tag{13.18}$$

oder in dem Spezialfall, daß $\underline{Z}_{gk}$ und $\underline{Z}_{ag}$ rein kapazitiv sind und $\underline{V}_K$ als reell angenommen werden kann (was bei nicht zu hohen Frequenzen für einen ohmschen Außenwiderstand gilt),

$$\underline{Z}_{EK} = \frac{1}{j\omega\,\{C_{gk} + C_{ag}(1 + |V_K|)\}}. \tag{13.19}$$

Das bedeutet, als Eingangskapazität C_E tritt nicht, wie man von vornherein erwarten könnte, die Summe aus Gitter-Katoden- und Gitter-Anoden-Kapazität in Erscheinung, sondern

$$C_E = C_{gk} + C_{ag}(1 + |V_K|). \tag{13.20}$$

Diese effektive Vergrößerung der Gitter-Anoden-Kapazität wird als MILLER-Effekt bezeichnet und erfordert zur Erzielung einer kleinen Eingangskapazität besonders geringe Gitter-Anoden-Kapazitäten der Verstärkerröhren.

In der Anodenbasisschaltung ergibt sich für den Eingangswiderstand [vgl. Gl. (13.17) und Tab. 13.1]

$$\underline{Z}_{EA} = \frac{1}{\dfrac{1}{\underline{Z}_{gk}} + \dfrac{1}{\underline{Z}_{ag}} - \dfrac{1}{\underline{Z}_{gk}}\underline{V}_A} \tag{13.21}$$

oder mit $\underline{V}_A \approx 1$

$$\underline{Z}_{EA} \approx \underline{Z}_{ag}, \tag{13.22}$$

d. h. ein sehr hoher Wert, und als Eingangskapazität nur die Gitter-Anoden-Kapazität der Röhre.

Für die Gitterbasisschaltung schließlich erhält man als Eingangswiderstand aus Gl. (13.17) mit den Größen $\underline{a}$ und $\underline{b}$ nach Tab. 13.1

$$\underline{Z}_{EG} = \frac{1}{S + \dfrac{1}{\underline{Z}_{gk}} + \dfrac{1}{\underline{Z}_i}(1 - \underline{V}_G)}, \tag{13.23}$$

wobei $\underline{V}_G$ die Spannungsverstärkung der Gitterbasisschaltung bezeichnet [Gl. (13.15)].

Mit den meist erfüllten Ungleichungen

$$\left.\begin{aligned} \underline{Z}_{ag},\ \underline{Z}_{gk} &\gg \underline{Z}_i,\ S^{-1},\ \underline{Z}; \\ \underline{Z}_i &\gg S^{-1} \end{aligned}\right\} \tag{13.24}$$

ergibt sich daraus

$$\underline{Z}_{EG} = \frac{1}{S}\left(1 + \frac{\underline{Z}}{\underline{Z}_i}\right), \tag{13.25}$$

also ein im allgemeinen sehr niedriger Eingangswiderstand ($\approx 1/S$), es sei denn, $\underline{Z}$ wird um mehrere Größenordnungen größer als $\underline{Z}_i$ gewählt.

Zur Berechnung des Ausgangswiderstandes der drei Schaltungen gehen wir von Abb. 13.6 aus, d. h., wir nehmen an, daß am Eingang der Widerstand $\underline{Z}_1$ (z. B.

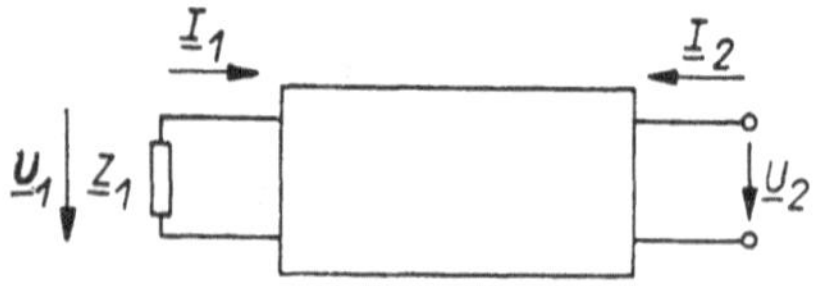

Abb. 13.6. Zur Berechnung des Ausgangswiderstandes eines Vierpols

der Innenwiderstand der Signalquelle) liegt. Dann ergibt sich aus den Gleichungen (13.10) mit

$$\underline{I}_1 = -\frac{\underline{U}_1}{\underline{Z}_1} \tag{13.26}$$

sofort

$$\underline{Z}_A = \frac{\underline{U}_2}{\underline{I}_2} = \frac{1}{\underline{d} - \dfrac{\underline{b}\,\underline{c}\,\underline{Z}_1}{1 + \underline{a}\,\underline{Z}_1}}, \tag{13.27}$$

woraus man mit den Konstanten $\underline{a}$, $\underline{b}$, $\underline{c}$ und $\underline{d}$ nach Tab. 13.1 leicht die allgemeinen Beziehungen für den Ausgangswiderstand der drei Schaltungen erhält. Wir beschränken uns aber hier auf den meist erfüllten Spezialfall, daß die Ungleichungen

$$\left.\begin{array}{l} \underline{Z}_{ag},\ \underline{Z}_{gk},\gg \underline{Z}_i,\ S^{-1}; \\ \underline{Z}_{ag},\ \underline{Z}_{gk} \gg \underline{Z}_1 \end{array}\right\} \tag{13.28}$$

erfüllt sind und erhalten nach einer kurzen Rechnung

$$\underline{Z}_{AK} = \underline{Z}_i, \tag{13.29}$$

$$\underline{Z}_{AA} = \frac{\underline{Z}_i}{S\,\underline{Z}_i + 1} \approx \frac{1}{S}, \tag{13.30}$$

$$\underline{Z}_{AG} = \underline{Z}_i + \underline{Z}_1\left(1 + \frac{1}{D}\right) \approx \underline{Z}_i + \frac{\underline{Z}_1}{D}. \quad (13.31)$$

Zusammengefaßt ergeben sich also folgende Eigenschaften der drei Schaltungen: Die Katodenbasisschaltung, die in den meisten Fällen Anwendung findet, besitzt infolge des MILLER-Effektes nur einen mäßig hohen Eingangswiderstand, einen relativ hohen Ausgangswiderstand ($\approx \underline{Z}_i$) und eine große Spannungsverstärkung ($\approx 1/D$). Die Anodenbasisschaltung, die auch oft als Katodenverstärker oder Katodenfolger bezeichnet wird, besitzt einen hohen Eingangswiderstand ($\approx \underline{Z}_{ag}$), einen sehr niedrigen Ausgangswiderstand ($\approx 1/S$) und eine Spannungsverstärkung, die stets kleiner oder gleich 1 ist. Diese Schaltung findet vor allem als Impedanzwandler („Transformator") Verwendung. Sie wird aber auch wegen ihrer hohen Stabilität ($\underline{V}_{max}$ ist unabhängig von den Röhrendaten) in Rückkopplungsschaltungen bevorzugt. Die Gitterbasisschaltung schließlich besitzt einen sehr niedrigen Eingangswiderstand ($\approx 1/S$), einen hohen Ausgangswiderstand ($\approx \underline{Z}_i + \underline{Z}_1/D$) und eine große Spannungsverstärkung ($\approx 1/D$). Obwohl die Gitterbasisschaltung bei niedrigen und mittleren Frequenzen wegen des niedrigen Eingangswiderstandes kaum Verwendung findet, besitzt sie bei hohen Frequenzen (vgl. Teil V, Abschnitt 28.4.) eine gewisse Bedeutung.

14. Breitbandverstärker

Breitbandverstärker sollen im Gegensatz zu den Schmalband- oder Selektivverstärkern (vgl. Abschnitt 16) nicht auf eine bestimmte Frequenz abgestimmt sein, sondern in einem möglichst großen Frequenzbereich verstärkend wirken. Je nach der vorgesehenen Verwendung wird man dabei auf eine bestimmte Abhängigkeit des Betrages $|\underline{V}|$ und der Phase φ der komplexen Verstärkung

$$\underline{V} = |\underline{V}| \exp j\varphi \tag{14.1}$$

von der Frequenz Wert legen müssen. Die Forderung kann dabei sowohl aus dem gewünschten Frequenzverhalten als auch aus dem Einschwingverhalten abgeleitet werden. Für einen Meßverstärker in Verbindung mit einem Röhrenvoltmeter zur Messung kleiner Wechselspannungen wird man beispielsweise

$$|\underline{V}| = \text{const} \tag{14.2}$$

über einen möglichst großen Frequenzbereich verlangen. Eine andere Forderung wäre die nach einer möglichst kurzen Anstiegszeit für die Ausgangsspannung bei Anlegen eines steilen Impulses oder einer Sprungspannung an den Eingang (z. B. bei Zeitmessungen):

Da wir auch hier wieder nur kleine Aussteuerungen betrachten wollen (Anfangsstufenverstärker), verhält sich der Verstärker wie ein linearer Vierpol, und wir können die Resultate des Abschnittes 6.1. verwenden. Danach gilt für den Zusammenhang zwischen der negativen Ableitung der Relaxationsfunktion $r(s)$ und der komplexen Verstärkung [vgl. Teil I, Gl. (6.6)]

$$\underline{V}(\omega) = \int_0^\infty \left(-\frac{\mathrm{d}r(s)}{\mathrm{d}s}\right) \exp(-j\omega s)\,\mathrm{d}s \tag{14.3}$$

oder, wie man leicht zeigen kann,

$$-\frac{\mathrm{d}r(s)}{\mathrm{d}s} = \int_{-\infty}^{+\infty} \underline{V}(\omega) \exp(j\omega s)\,\mathrm{d}\left(\frac{\omega}{2\pi}\right). \tag{14.4}$$

Da die Relaxationsfunktion $r(s)$ die Ausgangsspannung des Vierpols nach Abschalten der Einheitsspannung,

d. h. einer bis dahin konstanten Spannung der Amplitude 1 darstellt, muß also $-\mathrm{d}r(s)/\mathrm{d}s$ möglichst groß werden. Auf Grund der allgemeingültigen Ungleichung

$$\left| \int_{-\infty}^{+\infty} \underline{V}(\omega) \exp(j\omega s) \, \mathrm{d} \frac{\omega}{2\pi} \right| \leqq \int_{-\infty}^{+\infty} |\underline{V}(\omega)| \, \mathrm{d} \frac{\omega}{2\pi} \tag{14.5}$$

wird dies erreicht (und zwar zum Zeitpunkt $s = s_0$), wenn

$$\underline{V}(\omega) = |\underline{V}(\omega)| \exp(-j\omega s_0) \tag{14.6}$$

gilt oder, wie ein Vergleich mit Gl. (14.1) zeigt,

$$\varphi(\omega) = -\omega s_0. \tag{14.7}$$

Der Phasenwinkel der Verstärkung muß also linear mit der Frequenz zunehmen, wenn eine möglichst kurze Anstiegs- bzw. Abfallzeit des Ausgangssignals erzielt werden soll. Dabei haben wir als Maß der Anstiegszeit die maximale Steilheit der Ausgangsspannung verwendet und keine Forderungen an den weiteren Verlauf dieser Spannung gestellt, z. B. geringes Überschwingen, was in vielen Fällen (beispielsweise auch in Fernsehempfängern, wo dann periodische Hell-Dunkel-Änderungen statt eines einfachen Hell-Dunkel-Übergangs auftreten) wichtig ist. Die entsprechenden Forderungen an $\underline{V}(\omega)$ können mit Hilfe von Gl. (14.4) abgeleitet werden. Wir wollen aber hier nicht näher auf die damit zusammenhängenden Probleme eingehen, sondern uns im folgenden lediglich mit der Dimensionierung für eine möglichst große Bandbreite, d. h. $|\underline{V}| = \mathrm{const}$ über einen möglichst großen Frequenzbereich, beschäftigen.

Als Bandbreite B definieren wir dabei wie üblich die Differenz von oberer (f_o) und unterer (f_u) Grenzfrequenz, d. h. derjenigen Frequenzen, für die der Betrag der Verstärkung auf das $1/\sqrt{2}$fache des Maximalwertes abgesunken ist, also

$$B = f_o - f_u ,$$

$$|\underline{V}(f_o)| = |\underline{V}(f_u)| = \frac{|\underline{V}|_{max}}{\sqrt{2}} . \qquad (14.8)$$

14.1. Widerstandsverstärker

In Abb. 14.1 ist das Prinzipschaltbild eines Widerstandsverstärkers dargestellt, und man erkennt, daß die untere Frequenzgrenze der Verstärkung durch die

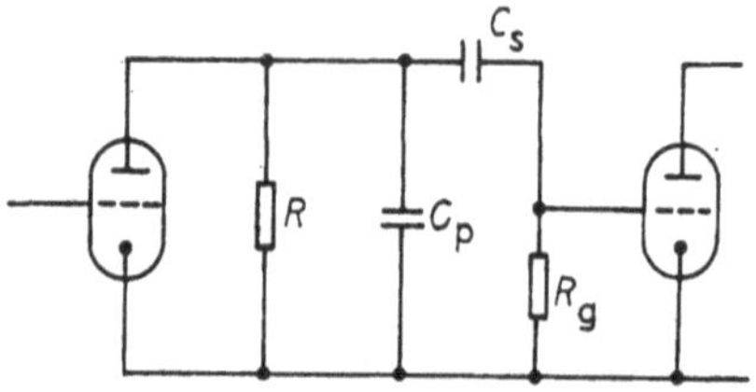

Abb. 14.1. Prinzipschaltbild eines Widerstandsverstärkers
Die Betriebsspannungen und die dafür erforderlichen Schaltelemente (Batterie, Katodenwiderstände usw.) wurden nicht mit eingezeichnet

Koppelkapazität C_s und den Gitterableitwiderstand R_g, der im allgemeinen groß gegen R ist, gegeben sein wird. Da sich C_s im Prinzip beliebig groß machen läßt, liegt hier keine „naturgegebene" Grenze vor, und wir nehmen für das Folgende der Einfachheit halber $f_u \approx 0$ an. Die obere Frequenzgrenze wird durch die zum Anodenwiderstand R parallel liegende Kapazität C_p gegeben, die sich aus der Schaltkapazität, der Röhrenausgangs- und der Röhreneingangskapazität zusammensetzt. Nehmen wir der Einfachheit halber $|\underline{Z}_i| \gg R$ an, was für Pentoden im allgemeinen erfüllt ist, so gilt [vgl. Gl. (13.13)]

$$\underline{V} = -S\underline{Z} = -S \frac{R}{1 + j\omega C_p R} \qquad (14.9)$$

oder

$$|\underline{V}| = \frac{SR}{\sqrt{1 + \omega^2 C_p^2 R^2}}. \tag{14.10}$$

Auf Grund der Definition (14.8) folgt also

$$|\underline{V}|_{\max} = SR, \qquad f_o = \frac{1}{2\pi R C_p} \tag{14.11}$$

und damit für das Produkt aus maximaler Verstärkung und Bandbreite ($f_u \approx 0$)

$$|\underline{V}|_{\max} B = \frac{1}{2\pi} \frac{S}{C_p}. \tag{14.12}$$

Legt man in Reihe zu dem ohmschen Widerstand R eine Induktivität L, so erhält man bei optimaler Dimensionierung ($L = 0{,}414\, R^2 C_p$)

$$|\underline{V}|_{\max} B \approx \frac{1{,}8}{2\pi} \frac{S}{C_p}. \tag{14.13}$$

Bei Verwendung komplizierterer Netzwerke kommt man noch etwas weiter, aber höchstens um einen Faktor 3 bis 4 im Vergleich zu Gl. (14.12).

Der Weg zur Berechnung dieser Netzwerke ist relativ einfach: Man entwickelt den Betrag der Verstärkung in eine Reihe nach ω^2 und wählt die einzelnen Netzwerkelemente (Induktivitäten, Kapazitäten usw.) so, daß die Koeffizienten der ersten Terme verschwinden.

Natürlich ist bei einer solchen Dimensionierung dann das Einschwingverhalten nicht optimal (starkes Überschwingen!), so daß man je nach der beabsichtigten Verwendung des Verstärkers anders dimensionieren muß. Eine Zusammenstellung numerischer Resultate für die verschiedenen Verwendungszwecke findet man in einer Arbeit von Müller [M 1], in der auch auf die Dimensionierung mehrstufiger Verstärker eingegangen wird, da eine unterschiedliche Auslegung der einzelnen Stufen gewisse Vorteile mit sich bringen kann.

Aufgabe:

Man berechne die resultierende Anstiegszeit t_R bei der Hintereinanderschaltung von n linearen Vierpolen, deren einzelne Anstiegszeiten t_{Rl} sind.

Lösung:
$$t_R = \sqrt{\sum_{l=1}^{n} t_{Rl}^2}.$$

(*Hinweis:* Man verwende die allgemeine Übertragungsfunktion, die im Teil I, Abschnitt 6.1. definiert wurde; vgl. z. B. [E 1].)

14.2. Resonanzverstärker

Bei einem Resonanzverstärker wird als Anodenwiderstand gewöhnlich ein Bandfilter oder ein einfacher Schwingkreis verwendet. Die Behandlung läßt sich unter Verwendung der Resultate von Abschnitt 6.2. und 6.3. sehr einfach durchführen, weshalb wir uns hier nur auf den einfachen Schwingkreis beschränken wollen (Abb. 14.2). Nehmen wir an, daß der Innenwiderstand der Röhre groß gegen den Resonanzwiderstand R_{res} des

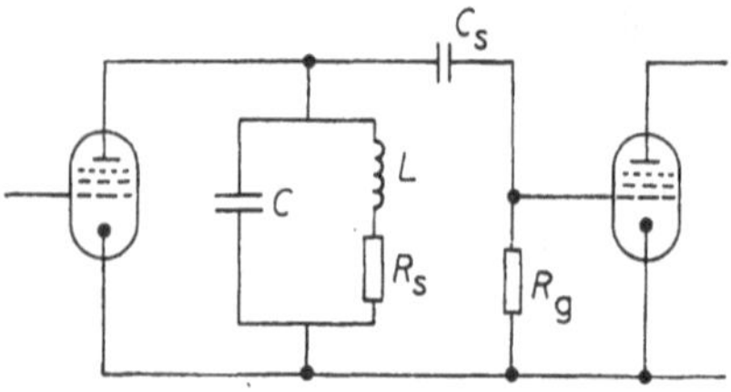

Abb. 14.2. Prinzipschaltbild eines Resonanzverstärkers
Die Betriebsspannungen und die dafür erforderlichen Schaltelemente (Batterie, Katodenwiderstände usw.) wurden nicht mit eingezeichnet

Schwingkreises ist (Pentode), so folgt für die maximale Verstärkung

$$|\underline{V}|_{\max} = S R_{\text{res}} = S \frac{L}{R_s C}, \qquad (14.14)$$

und wir erhalten, da sich die Bandbreite zu

$$B = \frac{2\Delta\omega}{2\pi} = \frac{\omega_{\text{res}}}{2\pi Q} = \frac{R_s}{2\pi L} \qquad (14.15)$$

ergab (vgl. Teil I, Abschnitt 6.2.), für das Bandbreite-Verstärkungs-Produkt

$$|V|_{\max} B = \frac{1}{2\pi} \frac{S}{C}. \qquad (14.16)$$

Um ein möglichst großes Bandbreite-Verstärkungs-Produkt zu erreichen, muß also die Schwingkreiskapazität C möglichst klein gewählt werden. Im Grenzfall wird sie dann schließlich durch die Parallelschaltung der Röhren- und Schaltkapazitäten bestimmt, und es ergibt sich dieselbe Beziehung [vgl. Gl. (14.12)] wie beim *RC*-Verstärker. Durch etwas geänderte Ankopplung, indem man nämlich C_s nicht an die Anode, sondern an einen geeigneten Abgriff der Spule anlötet, erhält man ein etwas größeres Bandbreite-Verstärkungs-Produkt, jedoch ist der Gewinn im allgemeinen nur gering.

Aufgabe:

Der optimale Abgriff und die dadurch erzielte Vergrößerung v des $B\,|V|_{\max}$-Produktes sind zu berechnen.

Lösung:

$$\frac{U_g}{U_a} = \sqrt{\frac{C_A}{C_E}}, \qquad v = \frac{C_A + C_E}{2\sqrt{C_A C_E}}.$$

Ebenso läßt sich durch die Verwendung von Bandfiltern oder durch eine Verstimmung der einzelnen Schwingkreise aufeinanderfolgender Stufen keine wesentliche Vergrößerung des durch Gl. (14.16) gegebenen Verstärkungs-Bandbreite-Produktes erzielen [S 1].

Man muß also sowohl bei den *RC*- als auch bei den Resonanzverstärkern das S/C_p-Verhältnis möglichst groß machen. Dies erreicht man einmal durch Verringerung der Schaltkapazitäten (kurze Leitungsführung!) und zum anderen durch die Verwendung von Röhren mit einem großen $S/(C_E + C_A)$-Verhältnis, wobei C_E die Eingangs- und C_A die Ausgangskapazität bezeichnet.

Wie bei der Behandlung der Triode gezeigt wurde, ist die Steilheit proportional der Raumladungskonstanten K für die Ersatzdiode, die im ebenen Fall [vgl. Teil II, Gl. (9.34)] umgekehrt proportional dem Quadrat des Gitter-Katoden-Abstandes ist. Da die reziproke Kapazität aber nur linear mit diesem Abstand anwächst, muß der Gitter-Katoden-Abstand möglichst klein gewählt werden. Dieselbe Forderung ergibt sich auch für zylindrische Dioden, wenn man die geometrische Abhängigkeit der Raumladungskonstanten für diesen Fall [R 1] und die der zugehörigen Kapazität (Zylinderkondensator) betrachtet. Die Verringerung des Gitter-Katoden-Abstandes, die auch im Hinblick auf kleine Elektronenlaufzeiten (vgl.

Tabelle 14.1. Summe aus Eingangs- und Ausgangskapazität ($C_E + C_A$), Steilheit (S) und zugehöriges Verhältnis beider Größen für einige moderne Pentoden

	$C_E + C_A$ [pF]	S [mA/V]	$\frac{S}{C_E + C_A}$ [A/VF]
EF 80	13,4	6,8	$0{,}51 \cdot 10^9$
EL 84	17,0	11,3	$0{,}67 \cdot 10^9$
E 180 F (EF 861)	14,1	16,5	$1{,}17 \cdot 10^9$
D 3a	19,1	35,0	$1{,}83 \cdot 10^9$
E 810 F	26,5	50,0	$1{,}89 \cdot 10^9$

Teil V) vorteilhaft ist, erforderte die Entwicklung neuer Fertigungsmethoden (Spanngittertechnik), mit denen man Abstände von weniger als 50 µm erreicht hat. In Tab. 14.1 sind für einige moderne Pentoden die Summe aus Eingangs- und Ausgangskapazität ($C_E + C_A$), die Steilheit S und das zugehörige Verhältnis angegeben.

Mit einer Pentode vom Typ E 180 F wird man also bei einer 10fachen Spannungsverstärkung noch eine Bandbreite von etwa 30 MHz erzielen können.

14.3. Kettenverstärker

Während bei der einfachen Parallelschaltung von Elektronenröhren sich sowohl die Steilheiten als auch die Kapazitäten addieren, das Steilheits-Kapazitäts-Verhältnis also nicht verbessert werden kann, verwendet man beim Kettenverstärker eine „indirekte" Parallelschaltung über geeignete Vierpole, wodurch ein Aufsummieren der Kapazitäten vermieden wird. Zum genaueren Verständnis der Wirkungsweise sind aber einige Grundlagen der Vierpoltheorie notwendig.

14.3.1. Einige Grundlagen der Vierpoltheorie

Ein Vierpol ist eine elektrische Schaltung zur Übertragung elektrischer Leistung mit (vgl. Abb. 14.3) zwei Eingangsklemmen und zwei Ausgangsklemmen. Wir wählen die positiven Richtungen des Eingangs- bzw. Ausgangsstromes ($\underline{I}_1$, $\underline{I}_2$) und der Eingangs- bzw. Aus-

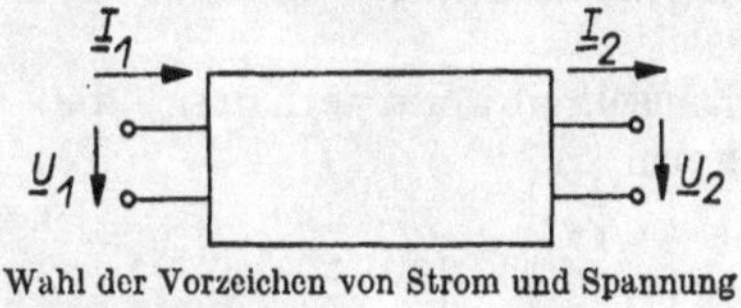

Abb. 14.3. Zur Wahl der Vorzeichen von Strom und Spannung bei den im Text betrachteten Vierpolen

gangsspannung ($\underline{U}_1$, $\underline{U}_2$) gemäß Abb. 14.3 und betrachten für das Folgende ausschließlich lineare Vierpole, d. h. solche, bei denen ein linearer Zusammenhang zwischen den Strömen und Spannungen besteht. Wir können also allgemein ansetzen

$$\left.\begin{aligned} \underline{U}_1 &= \underline{Z}_{11}\underline{I}_1 + \underline{Z}_{12}\underline{I}_2, \\ \underline{U}_2 &= \underline{Z}_{21}\underline{I}_1 + \underline{Z}_{22}\underline{I}_2, \end{aligned}\right\} \tag{14.17}$$

wobei die $\underline{Z}_{ik}$ komplexe Konstanten sind, die von der betreffenden Schaltung abhängen. Auf Grund der Beziehungen

$$\underline{Z}_{11} = \left(\frac{\underline{U}_1}{\underline{I}_1}\right)_{\underline{I}_2=0} \tag{14.18}$$

und

$$\underline{Z}_{22} = \left(\frac{\underline{U}_2}{\underline{I}_2}\right)_{\underline{I}_1=0} \tag{14.19}$$

erkennt man, daß $\underline{Z}_{11}$ den Leerlaufeingangswiderstand und $-\underline{Z}_{22}$ den Leerlaufausgangswiderstand des Vierpols darstellt. Die anderen beiden Gleichungen

$$\underline{Z}_{21} = \left(\frac{\underline{U}_2}{\underline{I}_1}\right)_{I_2=0} \tag{14.20}$$

und

$$\underline{Z}_{12} = \left(\frac{\underline{U}_1}{\underline{I}_2}\right)_{\underline{I}_1=0}, \tag{14.21}$$

die ebenfalls sofort aus (14.17) folgen, erklären, warum $\underline{Z}_{21}$ als „Leerlaufkernwiderstand vorwärts" und $-\underline{Z}_{12}$ analog als „Leerlaufkernwiderstand rückwärts" bezeichnet wird.

In Matrizenschreibweise erhalten die Gleichungen (14.17) die Form

$$\begin{pmatrix} \underline{U}_1 \\ \underline{U}_2 \end{pmatrix} = \begin{pmatrix} \underline{Z}_{11} & \underline{Z}_{12} \\ \underline{Z}_{21} & \underline{Z}_{22} \end{pmatrix} \begin{pmatrix} \underline{I}_1 \\ \underline{I}_2 \end{pmatrix}, \tag{14.22}$$

wobei die Matrix

$$\begin{pmatrix} \underline{Z}_{11} & \underline{Z}_{12} \\ \underline{Z}_{12} & \underline{Z}_{22} \end{pmatrix} \tag{14.23}$$

als Widerstandsmatrix bezeichnet wird. Wenn wir die Gleichungen (14.17) nach $\underline{I}_1$ und $\underline{I}_2$ auflösen, so erhalten wir analog die Leitwertsmatrix, bei Auflösung nach $\underline{U}_1$ und $\underline{I}_1$ die Kettenmatrix und schließlich bei Auflösung nach $\underline{U}_1$ und $\underline{I}_2$ die sogenannte Hybridmatrix (h-Matrix) des Vierpols.

Die Umrechnung der einzelnen Elemente ist elementar durchführbar, weshalb wir hier darauf verzichten.

Für die weiteren Betrachtungen definieren wir zunächst die Wellenparameter eines Vierpols durch die Gleichungen

$$\cosh \underline{g} = \sqrt{\frac{\underline{Z}_{11}\,\underline{Z}_{22}}{\underline{Z}_{12}\,\underline{Z}_{21}}}, \tag{14.24}$$

$$\underline{Z}_L = \sqrt{\underline{Z}_{12}\,\underline{Z}_{21} - \underline{Z}_{11}\,\underline{Z}_{22}}, \tag{14.25}$$

$$\underline{s} = \sqrt{-\frac{\underline{Z}_{22}}{\underline{Z}_{11}}}, \tag{14.26}$$

$$\underline{s}_L = \sqrt{-\frac{\underline{Z}_{12}}{\underline{Z}_{21}}}. \tag{14.27}$$

$\underline{g}$ wird als Übertragungskonstante und $\underline{Z}_L$ als Wellenwiderstand des Vierpols und $\underline{s}$, $\underline{s}_L$ werden als Symmetriefaktoren bezeichnet. Im allgemeinen Fall sind alle diese Größen ebenso wie die Widerstände komplex, und man schreibt speziell für die Übertragungskonstante

$$\underline{g} = a + bj, \tag{14.28}$$

wobei a und b reell sind und Dämpfungs- bzw. Phasenkonstante des Vierpols genannt werden.

Eine einfache Umrechnung der Gleichungen (14.22) nach Einführung der Wellenparameter und Auflösung nach $\underline{U}_1$ und $\underline{I}_1$ liefert

$$\left.\begin{aligned} \underline{U}_1 &= \left(\frac{\underline{s}_\mathrm{L}}{\underline{s}} \cosh \underline{g}\right) \underline{U}_2 + (\underline{s}_\mathrm{L} \underline{Z}_\mathrm{L} \sinh \underline{g})\, \underline{I}_2, \\ \underline{I}_1 &= \left(\frac{\underline{s}_\mathrm{L}}{\underline{Z}_\mathrm{L}} \sinh \underline{g}\right) \underline{U}_2 + (\underline{s}_\mathrm{L} \underline{s} \cosh \underline{g})\, \underline{I}_2. \end{aligned}\right\} \qquad (14.29)$$

Zur Vereinfachung dieser Beziehungen betrachten wir im weiteren nur noch symmetrische Vierpole, d. h. solche, für die

$$\underline{s} = \sqrt{-\frac{\underline{Z}_{22}}{\underline{Z}_{11}}} = 1 \qquad (14.30)$$

gilt, und außerdem nur sogenannte umkehrbare Vierpole, die durch

$$\underline{s}_\mathrm{L} = \sqrt{-\frac{\underline{Z}_{12}}{\underline{Z}_{21}}} = 1 \qquad (14.31)$$

definiert sind. Die Bedingung $\underline{s}_\mathrm{L} = 1$ gilt für alle Vierpole, die nur aus Widerständen, Spulen, Kondensatoren, Leitungen, Übertragern, Antennen, Kondensatormikrophonen, elektrodynamischen Lautsprechern usw. aufgebaut sind, aber nicht, wenn unsymmetrisch angeordnete steuerbare Stromquellen (Verstärkerröhren, Transistoren, Kohlemikrophone usw.) enthalten sind. Dieser sogenannte Umkehrsatz der Vierpoltheorie (Reziprozitätstheorem) wird in Teil IV, Abschnitt 24, allgemein bewiesen, weshalb wir hier auf eine weitere Diskussion verzichten wollen.

Unter Beachtung der Einschränkungen (14.30) und (14.31) können wir die Gleichungen (14.29) in der Matrizenschreibweise durch die Beziehung

$$\begin{pmatrix} \underline{U}_1 \\ \underline{I}_1 \end{pmatrix} = \begin{pmatrix} \cosh \underline{g} & \underline{Z}_\mathrm{L} \sinh \underline{g} \\ \dfrac{1}{\underline{Z}_\mathrm{L}} \sinh \underline{g} & \cosh \underline{g} \end{pmatrix} \begin{pmatrix} \underline{U}_2 \\ \underline{I}_2 \end{pmatrix} \tag{14.32}$$

darstellen. Schalten wir jetzt zwei Vierpole hintereinander (vgl. Abb. 14.4), so brauchen wir nur die Kettenmatrizen der beiden Vierpole miteinander zu multiplizieren, um die

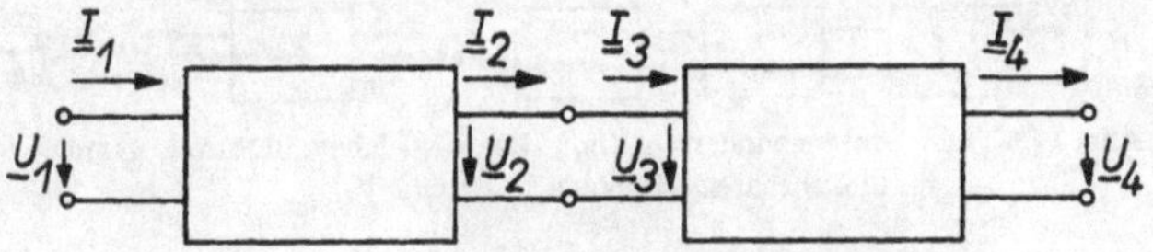

Abb. 14.4. Zur Hintereinanderschaltung zweier Vierpole ($\underline{I}_2 = \underline{I}_3$, $\underline{U}_2 = \underline{U}_3$)

Kettenmatrix des Gesamtvierpols (Eingang $\underline{U}_1$, $\underline{I}_1$; Ausgang $\underline{U}_4$, $\underline{I}_4$) zu erhalten. Dieser Satz läßt sich leicht nachprüfen, indem man die Vierpolgleichungen der beiden Vierpole aufschreibt, $\underline{I}_2 = \underline{I}_3$ und $\underline{U}_2 = \underline{U}_3$ setzt und nach $\underline{U}_1$ und $\underline{I}_1$ auflöst. Nehmen wir an, daß die beiden Vierpole gleich sind, so erhalten wir also aus Gl. (14.32) auf Grund der Regel für die Multiplikation von Matrizen

$$\begin{pmatrix} \underline{U}_1 \\ \underline{I}_1 \end{pmatrix} = \begin{pmatrix} \cosh^2 \underline{g} + \sinh^2 \underline{g} & \underline{Z}_\mathrm{L}\, 2 \sinh \underline{g} \cosh \underline{g} \\ \dfrac{1}{\underline{Z}_\mathrm{L}}\, 2 \sinh \underline{g} \cosh \underline{g} & \sinh^2 \underline{g} + \cosh^2 \underline{g} \end{pmatrix} \begin{pmatrix} \underline{U}_4 \\ \underline{I}_4 \end{pmatrix} \tag{14.33}$$

oder mit Hilfe der bekannten Additionstheoreme für die Hyperbelfunktionen

$$\begin{pmatrix} \underline{U}_1 \\ \underline{I}_1 \end{pmatrix} = \begin{pmatrix} \cosh 2\underline{g} & \underline{Z}_\mathrm{L} \sinh 2\underline{g} \\ \dfrac{1}{\underline{Z}_\mathrm{L}} \sinh 2\underline{g} & \cosh 2\underline{g} \end{pmatrix} \begin{pmatrix} \underline{U}_4 \\ \underline{I}_4 \end{pmatrix}. \tag{14.34}$$

Das bedeutet, es wird lediglich die Übertragungskonstante $\underline{g}$ des einfachen Vierpols verdoppelt. Schalten wir nun n gleiche Vierpole hintereinander (vgl. Abb. 14.5), so folgt

$$\begin{pmatrix} \underline{U}_1 \\ \underline{I}_1 \end{pmatrix} = \begin{pmatrix} \cosh n\underline{g} & \underline{Z}_L \sinh n\underline{g} \\ \dfrac{1}{\underline{Z}_L} \sinh n\underline{g} & \cosh n\underline{g} \end{pmatrix} \begin{pmatrix} \underline{U}_{2n} \\ \underline{I}_{2n} \end{pmatrix}. \tag{14.35}$$

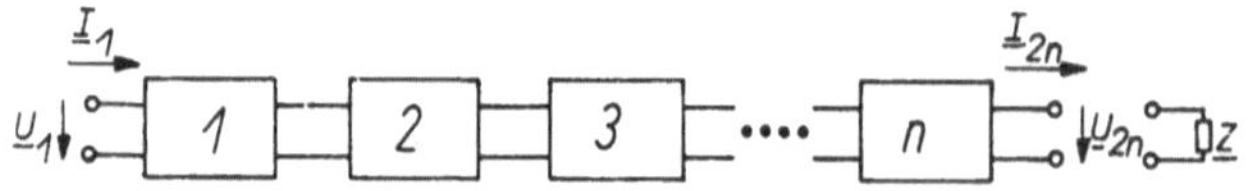

Abb. 14.5. Zur Hintereinanderschaltung von n gleichen, linearen, symmetrischen umkehrbaren Vierpolen

Belasten wir den letzten Vierpol mit dem Widerstand $\underline{Z}$ (vgl. Abb. 14.5), so wird

$$\underline{I}_{2n} = \frac{\underline{U}_{2n}}{\underline{Z}}, \tag{14.36}$$

und wir erhalten aus den Gleichungen (14.35)

$$\left.\begin{aligned} \underline{U}_1 &= \underline{U}_{2n} \cosh n\underline{g} + \underline{U}_{2n} \frac{\underline{Z}_L}{\underline{Z}} \sinh n\underline{g}, \\ \underline{I}_1 &= \underline{U}_{2n} \frac{1}{\underline{Z}_L} \sinh n\underline{g} + \underline{U}_{2n} \frac{1}{\underline{Z}} \cosh n\underline{g}. \end{aligned}\right\} \tag{14.37}$$

Wählen wir insbesondere $\underline{Z} = \underline{Z}_L$ und beachten die Definition der Hyperbelfunktionen, so ergibt sich schließlich

$$\left.\begin{aligned} \underline{U}_1 &= \underline{U}_{2n} (\cosh n\underline{g} + \sinh n\underline{g}) = \underline{U}_{2n} \exp(n\underline{g}), \\ \underline{I}_1 &= \frac{\underline{U}_{2n}}{\underline{Z}_L} (\sinh n\underline{g} + \cosh n\underline{g}) = \frac{\underline{U}_{2n}}{\underline{Z}_L} \exp(n\underline{g}). \end{aligned}\right\} \tag{14.38}$$

Dies ist ein interessantes Resultat; denn wir sehen einerseits, daß das Verhältnis von Eingangsspannung zu Eingangsstrom, d. h. der Eingangswiderstand, gleich dem Wellenwiderstand ist und daß damit die folgende neue Definition des Wellenwiderstandes $\underline{Z}_L$ aufgeschrieben werden kann: $\underline{Z}_L$ ist der Widerstand, der, an den Vierpolausgang geschaltet, am Eingang denselben Widerstand erzeugt. Andererseits ersehen wir aus Gl. (14.38), indem wir nach $\underline{U}_{2n}$ bzw. $\underline{I}_{2n} = \underline{U}_{2n}/\underline{Z}_L$ auflösen, daß sich sowohl die Spannung als auch der Strom exponentiell mit n ändern. Auf Grund von Gl. (14.28) bedeutet dies, daß die Amplitude exponentiell mit der Stufenzahl abnimmt,

$$\frac{|\underline{U}_{2n}|}{|\underline{U}_1|} = \frac{|\underline{I}_{2n}|}{|\underline{I}_1|} = \exp(-na), \qquad (14.39)$$

und daß sich die Phase linear verschiebt:

$$\varphi_{2n} - \varphi_1 = -nb. \qquad (14.40)$$

Es muß aber ausdrücklich darauf hingewiesen werden, daß diese Beziehungen nur bei Abschluß der Vierpolkette mit dem Wellenwiderstand $\underline{Z}_L$ gelten und daß im allgemeinen Fall die Gleichungen (14.37) zugrunde zu legen sind.

Wir wollen nun als Anwendung eine spezielle Vierpolkette, die sog. Drosselkette, betrachten, deren Vierpolelement in Abb. 14.6 dargestellt ist.

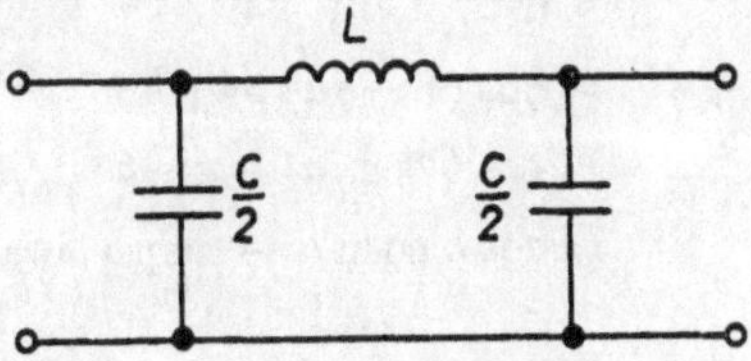

Abb. 14.6. Element der einfachen Drosselkette

Wir sehen, daß es sich um einen linearen, symmetrischen und umkehrbaren Vierpol handelt, so daß also alle obigen Voraussetzungen erfüllt sind. Für den Leerlaufeingangswiderstand ergibt sich sofort

$$\underline{Z}_{11} = \frac{\frac{2}{j\omega C}\left(j\omega L + \frac{2}{j\omega C}\right)}{\frac{4}{j\omega C} + j\omega L} = \frac{1}{j\omega C}\,\frac{1 - \omega^2\frac{LC}{2}}{1 - \omega^2\frac{LC}{4}} \tag{14.41}$$

und für den Leerlaufkernwiderstand vorwärts folgt auf Grund der KIRCHHOFFschen Gesetze nach einigen elementaren Umformungen

$$\underline{Z}_{21} = \frac{1}{j\omega C}\,\frac{1}{1 - \frac{\omega^2 LC}{4}}. \tag{14.42}$$

Beachten wir, daß $\underline{Z}_{22} = -\underline{Z}_{11}$ sowie $\underline{Z}_{12} = -\underline{Z}_{21}$ gilt und führen aus einem bald ersichtlichen Grunde die sogenannte Grenzfrequenz ω_{gr} dieses Vierpols durch die Beziehung

$$\omega_{gr} = \frac{2}{\sqrt{LC}} \tag{14.43}$$

ein, so ergibt sich aus Gl. (14.24)

$$\cosh \underline{g} = 1 - 2\left(\frac{\omega}{\omega_{gr}}\right)^2. \tag{14.44}$$

Mit der Beziehung (14.28) erhalten wir daraus

$$\begin{aligned}\cosh(a + jb) &= \cos(b - ja) = \\ &= \cos b \cos ja + \sin b \sin ja = \\ &= \cos b \cosh a + j \sin b \sinh a = \\ &= 1 - 2\,\frac{\omega^2}{\omega_{gr}^2}\end{aligned} \tag{14.45}$$

oder

$$\left.\begin{aligned} \sin b \sinh a &= 0, \\ \cos b \cosh a &= 1 - 2\left(\frac{\omega}{\omega_{gr}}\right)^2. \end{aligned}\right\} \qquad (14.46)$$

Eine erste Lösung dieses Gleichungssystems wird durch $a = 0$, $\cos b = 1 - 2\,(\omega/\omega_{gr})^2$ gegeben. Sie gilt, da der Kosinus dem Betrage nach nicht größer als 1 werden kann, für $0 \leqq \omega \leqq \omega_{gr}$. Der Verlauf von a und b ist in Abb. 14.7 dargestellt, und man erkennt daraus, daß sich als

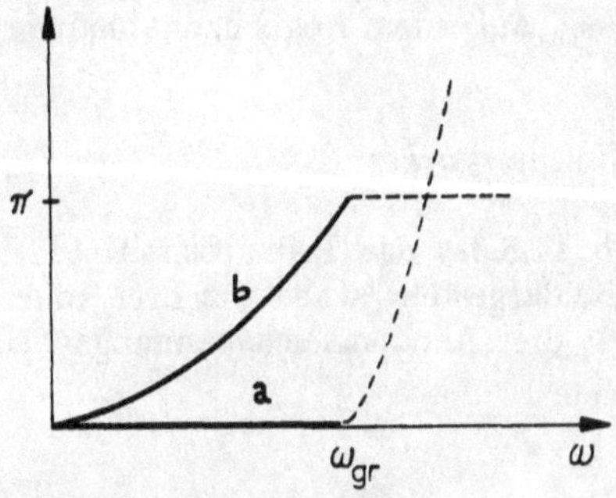

Abb. 14.7. Frequenzabhängigkeit der Dämpfungs- (a) und Phasenkonstanten (b) einer einfachen Drosselkette, deren Element in Abb. 14.6 dargestellt ist

zweite Lösung des Gleichungssystems $b = \pi$, $\cosh a = 2\,(\omega/\omega_{gr})^2 - 1$ anbietet. Diese zweite Lösung gilt für Frequenzen $\omega \geqq \omega_{gr}$, da der hyperbolische Kosinus nie kleiner als 1 werden kann.

Eingangssignale, deren Frequenz kleiner als ω_{gr} ist, erfahren also keine Dämpfung, sondern lediglich eine Phasenverschiebung b. Für diese Phasenverschiebung gilt außerdem im Frequenzgebiet $\omega \ll \omega_{gr}$ wegen $\cos b = 1 - 2\,(\omega/\omega_{gr})^2$

$$b \approx 2\,\frac{\omega}{\omega_{gr}}, \qquad (14.47)$$

d. h., sie ist direkt proportional der Frequenz, was für eine formgetreue Signalübertragung gefordert werden muß.

Für den Wellenwiderstand ergibt sich gemäß Gl. (14.25) mit den Gleichungen (14.41) und (14.42)

$$\underline{Z}_L = \sqrt{\frac{L}{C}} \frac{1}{\sqrt{1 - \left(\frac{\omega}{\omega_{gr}}\right)^2}}, \tag{14.48}$$

also ein im Durchlaßbereich ($\omega \leqq \omega_{gr}$) reeller Wert, der für $\omega \ll \omega_{gr}$ außerdem frequenzunabhängig ist.

14.3.2. Kettenverstärker

In Abb. 14.8 ist das Prinzipschaltbild eines Kettenverstärkers dargestellt, wobei nur drei Röhren gezeichnet sind und die Anodengleichspannungs- sowie Gitter-

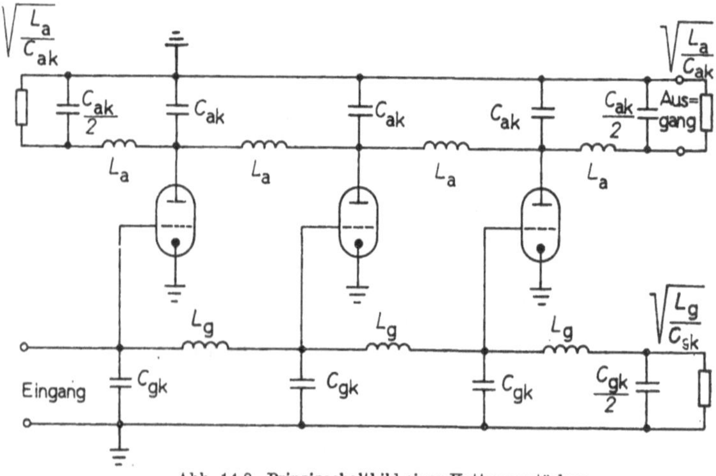

Abb. 14.8. Prinzipschaltbild eines Kettenverstärkers

spannungszuführungen der Einfachheit halber weggelassen wurden.

Wie man sieht, bilden die Induktivitäten in der Anoden- bzw. Gitterleitung mit den Kapazitäten (Röhrenkapazitäten und gegebenenfalls parallel dazu kleine Trimmerkondensatoren) je eine Drosselkette. Die Abschlußwiderstände werden reell gewählt, und zwar gleich $\sqrt{L_a/C_{ak}}$ bzw. $\sqrt{L_g/C_{gk}}$, so daß die Ketten für Frequenzen $\omega \ll \omega_{gr}$ mit ihren Wellenwiderständen abgeschlossen sind. Außerdem dimensioniert man die Drosselketten so, daß sie beide die gleiche Phasenkonstante b besitzen, d. h. [vgl. Gl. (14.46) ff.], daß ihre Grenzfrequenzen übereinstimmen müssen:

$$L_a C_{ak} = L_g C_{gk}. \tag{14.49}$$

Dann ergibt sich in dem Frequenzbereich $\omega \ll \omega_{gr}$ folgendes Verhalten: Eine Spannung $U_g = \check{U}_g \cos \omega t$ am Eingang des Verstärkers erzeugt an der Anode der ersten Röhre die Spannung $S U_g \times$ Außenwiderstand, wenn wir der Einfachheit halber annehmen, daß der Außenwiderstand klein gegen den Innenwiderstand der Röhre ist. Der Außenwiderstand beträgt aber $^1/_2 \sqrt{L_a/C_{ak}}$, da an der Anode eine Parallelschaltung der beiden Teile der Drosselkette (nach links und nach rechts) vorliegt, die beide mit dem Wellenwiderstand $\sqrt{L_a/C_{ak}}$ abgeschlossen sind. An der Anode der ersten Röhre tritt also zunächst die Spannung

$$\underline{U}_{a_1} = S \check{U}_g \frac{1}{2} \sqrt{\frac{L_a}{C_{ak}}} \tag{14.50}$$

auf, an der Anode der zweiten Röhre [vgl. die Gln. (14.38) und (14.28)] die Spannung

$$\underline{U}_{a_2} = S \check{U}_g \frac{1}{2} \sqrt{\frac{L_a}{C_{ak}}} \exp(-jb) \tag{14.51}$$

und am Ausgang die Spannung

$$\underline{U}_{a_n} = S\check{U}_g \frac{1}{2} \sqrt{\frac{L_a}{C_{ak}}} \exp(-jnb), \qquad (14.52)$$

wenn n die Anzahl der Röhren bezeichnet. Dabei wurde aber nicht mit berücksichtigt, daß ja neben der ersten Röhre auch alle anderen als Verstärker wirken, d. h. weitere Ströme in die Anodendrosselkette einspeisen. Da auf Grund der Bedingung (14.49) diese Ströme phasengleich mit den Strömen in der Anodendrosselkette sind, die von allen links liegenden Röhren herrühren, addieren sich beim Fortschreiten nach rechts die Spannungen, und man erhält als Ausgangsspannung anstelle von Gl. (14.52)

$$\underline{U}_n = nS\check{U}_g \frac{1}{2} \sqrt{\frac{L_a}{C_{ak}}} \exp(-jnb), \qquad (14.53)$$

d. h. für den Betrag der Verstärkung

$$|\underline{V}| = \frac{|\underline{U}_n|}{\check{U}_g} = \frac{n}{2} S \sqrt{\frac{L_a}{C_{ak}}}. \qquad (14.54)$$

Um größere Verstärkungen zu erzielen, kann man zwei oder mehrere derartige Röhrenanordnungen in der üblichen Weise hintereinanderschalten, indem man unter Verwendung von Transformatoren den Eingang der folgenden Anordnung jeweils an den Ausgang der vorhergehenden anpaßt (vgl. Abb. 14.9). Das Übersetzungsverhältnis $ü$ dieser Transformatoren muß also der Be-

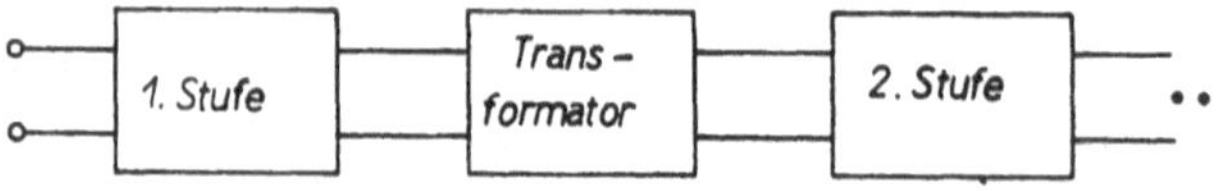

Abb. 14.9. Hintereinanderschaltung einfacher Kettenverstärker unter Verwendung von Transformatoren
Jede Stufe stellt eine Röhrenanordnung wie in Abb. 14.8 dar

dingung

$$\ddot{u} = \sqrt{\sqrt{\frac{L_g}{C_{gk}}} \Big/ \sqrt{\frac{L_a}{C_{ak}}}} \tag{14.55}$$

genügen, so daß der Betrag der Gesamtverstärkung bei m Stufen

$$|\underline{V}| = \left(\frac{n}{2} S \sqrt{\frac{L_a}{C_{ak}}}\, \ddot{u}\right)^m = \left(\frac{n}{2} S \sqrt[4]{\frac{L_a L_g}{C_{ak} C_{gk}}}\right)^m \tag{14.56}$$

wird.

Die bisherigen Betrachtungen beschränkten sich auf Frequenzen, die klein gegen die Grenzfrequenz der Drosselketten sind. Bei höheren Frequenzen kann der Wellenwiderstand [vgl. Gl. (14.48)] nicht mehr durch einen einfachen ohmschen Widerstand vom Betrag $\sqrt{L/C}$ ersetzt werden. Nehmen wir aber an, es wäre uns gelungen, durch ein geeignetes Netzwerk die Drosselketten mit dem Wellenwiderstand nach Gl. (14.48) abzuschließen, so erhalten wir an Stelle von Gl. (14.54) den Ausdruck

$$|\underline{V}| = \frac{n}{2} S \sqrt{\frac{L_a}{C_{ak}}} \frac{1}{\sqrt{1 - \left(\frac{\omega}{\omega_{gr}}\right)^2}}, \tag{14.57}$$

und man erkennt, daß die Verstärkung mit Annäherung an die Grenzfrequenz ($\omega \to \omega_{gr}$) anwächst. Auf Grund des starken Anstiegs der Dämpfung a der Drosselkette für $\omega \geqq \omega_{gr}$ und der bei unseren Überlegungen vernachlässigten Verluste ergibt sich ein Maximum in der Nähe der Grenzfrequenz und damit der in Abb. 14.10 qualitativ dargestellte Verlauf.

Ein solcher Anstieg der Verstärkung in der Nähe der oberen Grenzfrequenz ist aber insbesondere für die Übertragung von Sprungspannungen (Impulsen) schädlich, da hierdurch ein starkes Überschwingen verursacht wird [vgl. z. B. Gl. (14.4)], und man muß Maßnahmen ergrei-

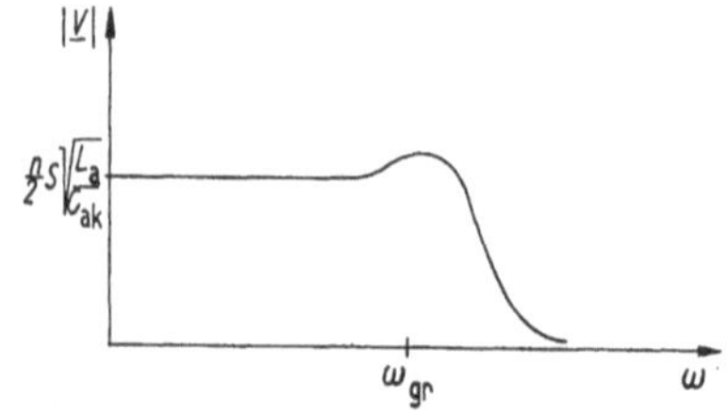

Abb. 14.10. Frequenzabhängigkeit des Betrages der Verstärkung eines einfachen Kettenverstärkers (qualitativ)

fen, um diesen Anstieg zu vermeiden. Auf die damit entstehenden Probleme sowie die Diskussion des Einflusses von Verlusten (endlicher Eingangswiderstand der Röhren usw.) und die Realisierung möglichst reflexionsfreier Abschlußnetzwerke können wir aber hier nicht näher eingehen, sondern verweisen auf die Spezialliteratur ([L 1], [B 8]). Nehmen wir als obere Grenzfrequenz des Verstärkers die der Drosselketten an, so ergibt sich für das Verstärkungs-Bandbreite-Produkt [vgl. die Gln. (14.54) und (14.43)]

$$|\underline{V}|\,B = \frac{1}{2\pi}\,\frac{n}{2}\,S\sqrt{\frac{L_a}{C_{ak}}}\,\frac{2}{\sqrt{L_a C_{ak}}} = \frac{n}{2\pi}\,\frac{S}{C_{ak}}. \qquad (14.58)$$

Ein Vergleich mit der entsprechenden Beziehung (14.12) für einen gewöhnlichen Verstärker zeigt, daß also beim verlustfreien Kettenverstärker das „S/C-Verhältnis“ um den Faktor $n(1 + C_{gk}/C_{ak})$ vergrößert wird. Wenn man auch infolge der bei höheren Frequenzen stark anwachsenden Verluste das Verstärkungs-Bandbreite-Produkt auf diese Weise nicht beliebig vergrößern kann, so erreicht man doch Bandbreiten von einigen 100 MHz bei noch beträchtlichen Spannungsverstärkungen.

Aufgabe:

Wie groß müssen m und n gewählt werden, damit die Röhrenzahl $m \cdot n$ bei vorgegebener Gesamtverstärkung ein Minimum wird?

Lösung:

$$m = \ln |\underline{V}_{ges}|, \quad n = 2\,\frac{e}{S}\sqrt{\frac{C_{gk}C_{ak}}{L_g L_a}}.$$

15. Rückkopplung und Regelung

15.1. Rückkopplung

Wir stellen den Verstärker, den wir rückkoppeln wollen, durch einen Vierpol dar, dessen Eingangswiderstand $\underline{Z}_E$, dessen Ausgangswiderstand $\underline{Z}_A$ und dessen Spannungsverstärkung $\underline{V}$ sei. Da der Verstärker ausgangsseitig als aktiver Zweipol (Stromquelle) wirkt und eine Rückwirkung des Ausgangs auf den Eingang innerhalb des Verstärkers nicht vorhanden sein soll, können wir die beiden in Abb. 15.1 dargestellten Ersatzschaltbilder verwenden

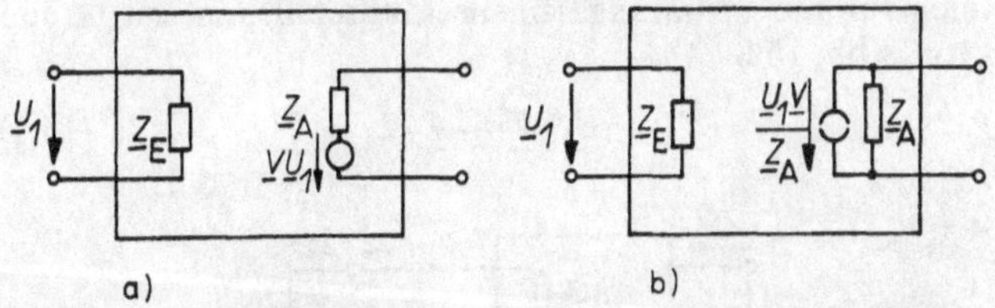

Abb. 15.1. Ersatzschaltbilder[1]) eines Verstärkers mit dem Eingangswiderstand $\underline{Z}_E$, dem Ausgangswiderstand $\underline{Z}_A$ und der Spannungsverstärkung $\underline{V}$ *a)* Spannungsersatzschaltbild; *b)* Stromersatzschaltbild

die sich leicht aus den Forderungen ableiten lassen, daß der Eingangs- bzw. Ausgangswiderstand $\underline{Z}_E$ bzw. $\underline{Z}_A$ und die Ausgangsspannung im Leerlauf $\underline{U}_1\,\underline{V}$ sein soll.

Für eine Rückkopplung gibt es nun prinzipiell vier Möglichkeiten, und zwar kann man entweder proportional

---

[1]) –○– stellt eine Stromquelle mit dem Innenwiderstand Null und der Klemmenspannung U dar und –()– eine Stromquelle mit unendlich hohem Innenwiderstand und dem Klemmenstrom I

der Ausgangsspannung oder dem Ausgangsstrom rückkoppeln und dies in Reihe oder parallel zum Eingang schalten (vgl. Abb. 15.2). Man spricht dann sinngemäß von Spannungsreihenschluß-, Stromreihenschluß-, Spannungsnebenschluß- und Stromnebenschlußschaltung.

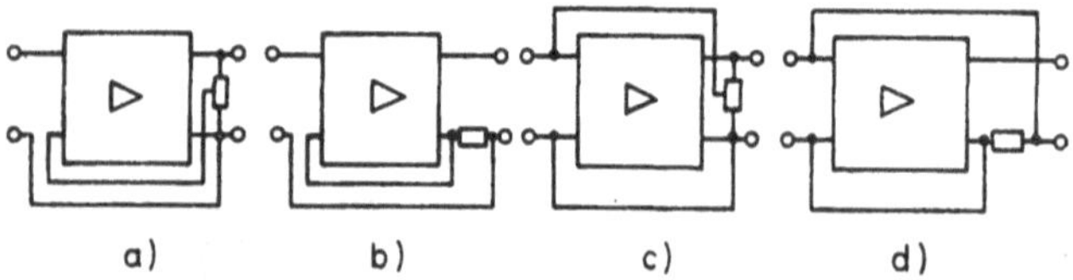

Abb. 15.2. Möglichkeiten der Rückkopplung
a) Spannungsreihenschluß; *b)* Stromreihenschluß; *c)* Spannungsnebenschluß; *d)* Stromnebenschluß

Nehmen wir der Einfachheit halber an, daß der Eingangswiderstand des Verstärkers sehr groß sei ($|\underline{Z}_E| \to \infty$) und verwenden das Spannungsersatzschaltbild, so ergibt sich für die Spannungsreihenschlußschaltung auf Grund von Abb. 15.3

$$(\underline{U}_1 - \underline{U}_r)\,\underline{V} - \underline{Z}_A \underline{I}_2 = \underline{U}_2, \tag{15.1}$$

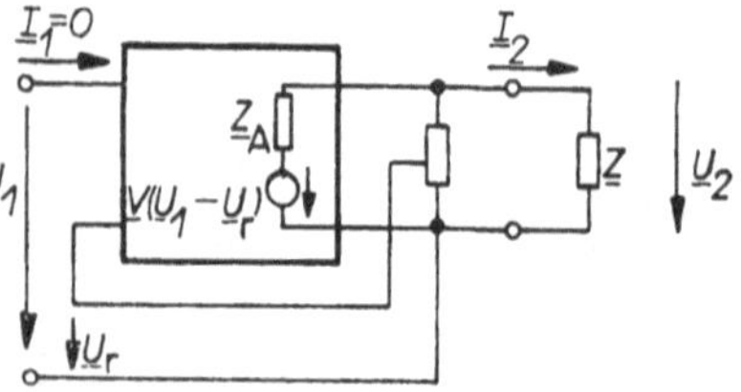

Abb. 15.3. Zur Spannungsreihenschlußschaltung
$\underline{U}_r$ ist die an den Eingang rückgekoppelte Spannung, $\underline{Z}$ der Verbraucherwiderstand

wobei wir noch vorausgesetzt haben, daß der Spannungsteilerwiderstand groß gegen $\underline{Z}$ und $\underline{Z}_A$ sei. Bezeichnen wir mit $\underline{B}$ das (im allgemeinen komplexe) Spannungsteilerverhältnis, also

$$\underline{U}_{\mathrm{r}} = \underline{B}\,\underline{U}_2, \tag{15.2}$$

so folgt aus Gl. (15.1)

$$\underline{U}_2 = \frac{\underline{V}}{1 + \underline{B}\,\underline{V}}\,\underline{U}_1 - \frac{\underline{Z}_{\mathrm{A}}}{1 + \underline{B}\,\underline{V}}\,\underline{I}_2. \tag{15.3}$$

Das bedeutet, der rückgekoppelte Verstärker besitzt einen effektiven Ausgangswiderstand

$$\underline{Z}_{\mathrm{A\,eff}} = \frac{\underline{Z}_{\mathrm{A}}}{1 + \underline{B}\,\underline{V}} \tag{15.4}$$

und eine effektive Verstärkung

$$\underline{V}_{\mathrm{eff}} = \frac{\underline{V}}{1 + \underline{B}\,\underline{V}}. \tag{15.5}$$

Bei der Stromreihenschlußschaltung (vgl. Abb. 15.4) ergibt sich, wieder unter der Voraussetzung eines hohen

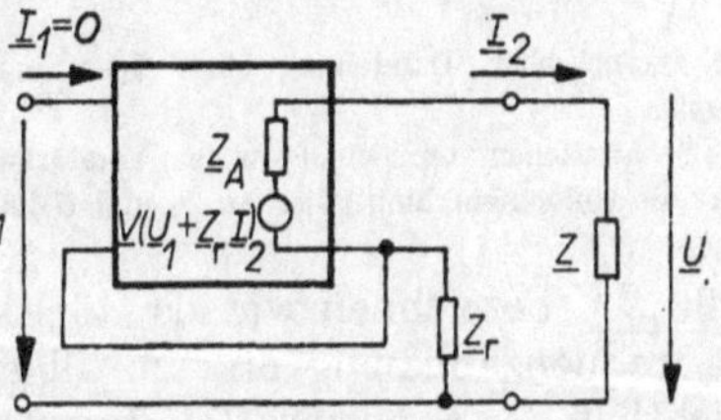

Abb. 15.4. Zur Stromreihenschlußschaltung
$\underline{Z}_{\mathrm{r}}$ ist der Rückkopplungswiderstand, $\underline{Z}$ der Verbraucherwiderstand

Eingangswiderstandes,

$$\underline{V}\,(\underline{U}_1 + \underline{Z}_{\mathrm{r}}\underline{I}_2) - (\underline{Z}_{\mathrm{A}} + \underline{Z}_{\mathrm{r}})\,\underline{I}_2 = \underline{U}_2 \tag{15.6}$$

oder

$$\underline{U}_2 = \underline{U}_1\underline{V} - (\underline{Z}_{\mathrm{A}} - (\underline{V} - 1)\,\underline{Z}_{\mathrm{r}})\,\underline{I}_2, \tag{15.7}$$

d. h., hier bleibt die Verstärkung ungeändert:

$$\underline{V}_{\mathrm{eff}} = \underline{V}, \tag{15.8}$$

während sich der Ausgangswiderstand auf

$$\underline{Z}_{\mathrm{A\,eff}} = \underline{Z}_{\mathrm{A}} - (\underline{V} - 1)\underline{Z}_{\mathrm{r}} \tag{15.9}$$

verringert. Im Prinzip ähnliche Resultate ergeben sich für die restlichen beiden Schaltungen und bei Berücksichtigung eines endlichen Eingangswiderstandes.

An Stelle des in Abb. 15.2*a* bzw. 15.3 verwendeten einfachen Spannungsteilers kann man natürlich auch kompliziertere Netzwerke zwischen Ausgang und Eingang schalten, und man stellt dies dann symbolisch wie in Abb. 15.5 dar, wobei $\underline{B}$ die Übertragungsfunktion des zur Rückkopplung verwendeten Vierpols ist.

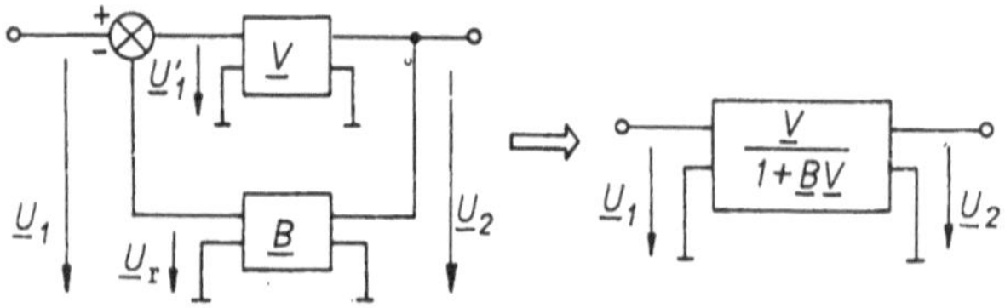

Abb. 15.5. Zur symbolischen Darstellung einer Spannungsreihenschlußrückkopplung
Das Schaltzeichen unmittelbar vor dem Verstärkereingang repräsentiert die Differenzbildung zwischen $\underline{U}_1$ und $\underline{U}_r$, also $\underline{U}_1' = \underline{U}_1 - \underline{U}_r$

Die Größe $\underline{B}\,\underline{V}$ bezeichnen wir als Rückkopplungsfaktor. Sie ist frequenzabhängig und im allgemeinen komplex. Hinsichtlich der Eigenschaften des rückgekoppelten Verstärkers muß man nun zwischen drei Fällen unterscheiden:

1. Fall: Re $\{\underline{B}\,\underline{V}\} > 0$. In diesem Fall spricht man von Gegenkopplung, und zwar folgt aus Gl. (15.5), daß die effektive Verstärkung kleiner ist als die des nicht rückgekoppelten Verstärkers. Insbesondere ergibt sich für Re $\{\underline{B}\,\underline{V}\} \gg 1$ die Beziehung

$$\underline{V}_{\mathrm{eff}} = \frac{1}{\underline{B}}, \tag{15.10}$$

so daß die effektive Verstärkung unabhängig von der Verstärkung $\underline{V}$ wird. Das ist ein in zweierlei Hinsicht wichtiges Resultat: Erstens wird dadurch eine verzerrungsfreie Verstärkung ermöglicht, da zwar $\underline{V}$ infolge der Nichtlinearitäten der Röhrenkennlinie vom Grad der Aussteuerung abhängt, aber nicht $\underline{B}$, und zweitens erhält man eine zeitlich sehr konstante Verstärkung, da Änderungen der Betriebsspannungen und Alterungseffekte der Röhren nur $\underline{V}$ beeinflussen. Voraussetzung dafür ist natürlich, daß in jedem Fall, d. h. für alle im Schwankungsbereich liegenden $\underline{V}$, die Ungleichung $\mathrm{Re}\{\underline{B}\,\underline{V}\} \gg 1$ erfüllt ist. Verstärker für eine möglichst verzerrungsfreie Wiedergabe sowie Meßverstärker, für die eine hohe zeitliche Konstanz der Verstärkung gefordert werden muß, wird man also stark gegenkoppeln. Aus Gl. (15.4) erhält man in diesem Fall außerdem

$$\underline{Z}_{\mathrm{A\,eff}} = \frac{\underline{Z}_{\mathrm{A}}}{\underline{B}\,\underline{V}}, \tag{15.11}$$

d. h., der effektive Ausgangswiderstand ist unmittelbar durch die Verstärkung und damit praktisch trägheitslos (z. B. durch eine Gitterspannung) regelbar. Für $\underline{V} = V$, $\underline{Z}_{\mathrm{A}} = R_{\mathrm{A}}$ und $\underline{B} = jB_1$ wird also beispielsweise

$$\underline{Z}_{\mathrm{A\,eff}} = \frac{R_{\mathrm{A}}}{jVB_1}, \tag{15.12}$$

d. h., der Verstärker wirkt zwischen seinen Ausgangsklemmen wie eine Kapazität der Größe

$$C_{\mathrm{eff}} = \frac{VB_1}{\omega R_{\mathrm{A}}}. \tag{15.13}$$

Derart „wattlos“ rückgekoppelte Verstärkerröhren werden als Reaktanzröhren bezeichnet und finden z. B. bei der Frequenzmodulation Verwendung.

2. Fall: $-1 < \operatorname{Re}\{\underline{B}\,\underline{V}\} < 0$. In diesem Fall spricht man von Mitkopplung oder positiver Rückkopplung. Die effektive Verstärkung $\underline{V}_{\text{eff}}$ ist größer als die des nicht rückgekoppelten Verstärkers und wächst über alle Grenzen, wenn $\underline{B}\,\underline{V}$ nach -1 geht. Man hat also eine relativ einfache Möglichkeit, die Verstärkung beliebig zu vergrößern. Allerdings ist die damit erzielte Verstärkung sehr instabil, d. h. ändert sich um große Beträge, schon wenn $\underline{V}$ nur gering schwankt: Aus Gl. (15.5) folgt nämlich

$$\frac{\Delta\,\underline{V}_{\text{eff}}}{\Delta\,\underline{V}} \approx \frac{\mathrm{d}\,\underline{V}_{\text{eff}}}{\mathrm{d}\,\underline{V}} = \frac{1}{(1+\underline{B}\,\underline{V})^2} = \frac{\underline{V}_{\text{eff}}^2}{\underline{V}^2} \tag{15.14}$$

oder

$$\frac{\Delta\,\underline{V}_{\text{eff}}}{\underline{V}_{\text{eff}}} \approx \left(\frac{\underline{V}_{\text{eff}}}{\underline{V}}\right)\frac{\Delta\,\underline{V}}{\underline{V}}, \tag{15.15}$$

d. h., im gleichen Maße wie die effektive Verstärkung wird auch die *relative* Schwankung vergrößert, so daß diese Methode im allgemeinen nur selten Anwendung findet (z. B. im rückgekoppelten Audion).

3. Fall: $\operatorname{Re}\{\underline{B}\,\underline{V}\} \leqq -1$. In diesem Bereich kann der Verstärker instabil werden, d. h. schwingen, er liefert also eine Ausgangsspannung unabhängig vom Eingangssignal. Den Beweis führen wir allgemein durch Ableitung der sogenannten NYQUISTschen Stabilitätsbedingung:

Es seien $\underline{B}(p)$ und $\underline{V}(p)$ die allgemeinen Übertragungsfunktionen des rückkoppelnden Vierpols und des Verstärkers, die sich durch die Ersetzung $j\omega \to p$ aus den komplexen Übertragungsfunktionen ergeben (vgl. Teil I, Abschnitt 6.1.).

Damit der rückgekoppelte Verstärker stabil ist, darf seine allgemeine Übertragungsfunktion

$$\underline{V}_{\text{eff}}(p) = \frac{\underline{V}(p)}{1+\underline{B}(p)\,\underline{V}(p)} \tag{15.16}$$

in der rechten p-Halbebene keine Polstellen besitzen (vgl. Teil I, Abschnitt 6.1.), d. h., die Funktion

$$\underline{G}(p) = 1 + \underline{B}(p)\,\underline{V}(p) \tag{15.17}$$

darf in der rechten p-Halbebene keine Nullstellen aufweisen. Auf Grund des Residuensatzes ([S 2], [M 2]) gilt für jede Funktion $\underline{G}(p)$, die innerhalb einer geschlossenen Kurve C in der p-Ebene mit Ausnahme endlich vieler Punkte $(p_1, p_2, \ldots, p_k)$ regulär ist, die Beziehung

$$\frac{1}{2\pi j} \oint\limits_C \underline{G}(p)\,\mathrm{d}p = \sum_{i=1}^{k} r_i. \tag{15.18}$$

r_i bezeichnet dabei das Residuum der Funktion $\underline{G}(p)$ an der Stelle p_i, d. h. den Koeffizienten des Terms mit $(p - p_i)^{-1}$ in der LAURENT-Entwicklung der Funktion an dieser Stelle.

Wir nehmen nun an, daß $\underline{G}(p)$ innerhalb der geschlossenen Kurve C l verschiedene Nullstellen der Ordnung n_j an den Stellen p_{0j} und k verschiedene Polstellen der Ordnung m_i an den Stellen p_i besitzt. Das bedeutet, wir können $\underline{G}(p)$ zunächst in der Form

$$\underline{G}(p) = \frac{(p - p_{01})^{n_1}\,(p - p_{02})^{n_2} \cdots}{(p - p_1)^{m_1}\,(p - p_2)^{m_2} \cdots} \tag{15.19}$$

schreiben, wobei in den Produkten des Zählers bzw. Nenners aber *alle* Null- bzw. Polstellen der Funktion $\underline{G}(p)$ erfaßt werden müssen. Durch Bildung des natürlichen Logarithmus und Differentiation nach p folgt daraus

$$\frac{\mathrm{d}\ln \underline{G}(p)}{\mathrm{d}p} = \sum_{j=1}^{l} \frac{n_j}{p - p_{0j}} - \sum_{i=1}^{k} \frac{m_i}{p - p_i} \tag{15.20}$$

oder durch Anwendung des Residuensatzes auf diese neue Funktion

$$\frac{1}{2\pi j} \oint_C \frac{\mathrm{d} \ln \underline{G}(p)}{\mathrm{d}p} \mathrm{d}p = \frac{1}{2\pi j} \oint_C \mathrm{d} \ln \underline{G}(p) = \\ = \sum_{j=1}^{l} n_j - \sum_{i=1}^{k} m_i. \qquad (15.21)$$

Schreiben wir

$$\ln \underline{G}(p) = \ln |\underline{G}(p)| + j\Phi(p), \qquad (15.22)$$

so folgt also

$$\frac{\Delta\Phi(p)}{2\pi} = \sum_{j=1}^{l} n_j - \sum_{i=1}^{k} m_i, \qquad (15.23)$$

wobei $\Delta\Phi(p)$ die Änderung des Phasenwinkels der Funktion $\underline{G}(p)$ beim Umlauf um die geschlossene Kurve C darstellt. Nun wählen wir für C den in Abb. 15.6 dargestellten Verlauf, d. h., wir umfassen die gesamte rechte p-Halbebene. Die Stabilitätsforderung für den rückgekoppelten Verstärker [vgl. Gl. (15.16) ff.] läuft damit auf die Forderung

$$\sum_{j=1}^{l} n_j = 0 \qquad (15.24)$$

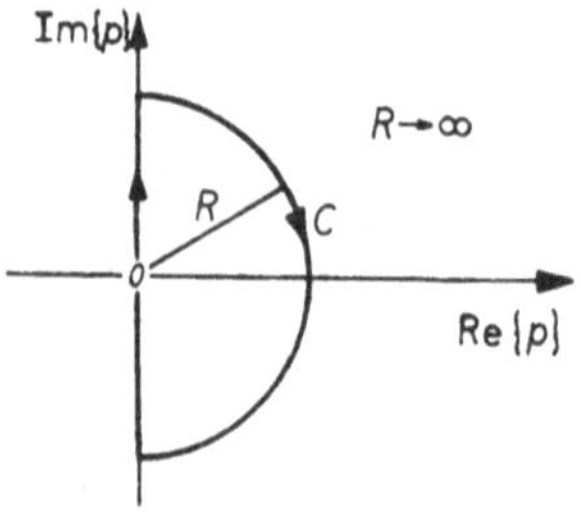

Abb. 15.6. Zur Wahl des Verlaufs für die Kurve C in der p-Ebene

hinaus. Nehmen wir an, daß der nichtrückgekoppelte Verstärker stabil ist, d. h., daß $\underline{V}(p)$ keine Polstellen in der rechten p-Halbebene besitzt, so ist auch die Zahl der Polstellen von $\underline{G}(p)$ in der rechten p-Halbebene Null, und mit Gl. (15.24) ergibt sich aus Gl. (15.23)

$$\Delta \Phi(p) = 0. \tag{15.25}$$

Wenn also p den in Abb. 15.6 dargestellten Weg durchläuft, darf $\underline{G}(p)$ nicht den Nullpunkt bzw. $\underline{B}(p)\,\underline{V}(p)$ nicht den Punkt -1 umfahren.

Da die Übertragungsfunktionen physikalisch realisierbarer Schaltungen (infolge der unvermeidlichen Verluste) für unendlich hohe Frequenzen den Wert Null besitzen, bildet sich der große Halbkreis von Abb. 15.6 in der $\underline{B}(p)\,\underline{V}(p)$-Ebene im Nullpunkt ab. Es genügt somit, den Verlauf von $\underline{B}(p)\,\underline{V}(p)$ aufzuzeichnen, wenn p auf der imaginären Achse von 0 bis zu entsprechend hohen Werten anwächst (von $p = 0$ bis $p = -j\,\infty$ ergeben sich lediglich die konjugiert komplexen Ausdrücke).

Mißt man also die Übertragungsfunktion $\underline{B}\,\underline{V}$ nach Betrag und Phase als Funktion der Frequenz z. B. mit einem Meßsender und zeichnet das Resultat in der komplexen $\underline{B}\,\underline{V}$-Ebene, so wird der rückgekoppelte Verstärker schwingen, wenn diese Kurve (ergänzt durch die Verbindung zwischen den Punkten $\underline{B}\,\underline{V}(0)$ und $\underline{B}\,\underline{V}(j\infty)$) den Punkt -1 umschlingt (NYQUIST-*Kriterium*).

Eine für die praktische Anwendung besonders bequeme Form dieses Stabilitätskriteriums wurde von BODE [B 7] abgeleitet. Es gilt für Phasenminimumsysteme, bei denen also zwischen Dämpfung und Phase ein eindeutiger Zusammenhang [vgl. Teil I, Gl. (6.13)ff.] besteht, und lautet: Das System ist instabil, wenn der Betrag von $\underline{B}\,\underline{V}$ in Abhängigkeit von der Frequenz schneller als 12 dB pro Oktave abfällt. Auf den Beweis müssen wir hier aus Raumgründen verzichten.

Wie aus den bisherigen Betrachtungen hervorgeht, werden die drei hier unterschiedenen Fälle für eine vorgegebene Schaltung wegen der Frequenzabhängigkeit von $\underline{B}$ und $\underline{V}$ im allgemeinen nur in einem bestimmten Frequenzbereich realisierbar sein. Das bedeutet, daß beispielsweise ein gegengekoppelter Verstärker, der für mittlere Frequenzen dimensioniert ist, bei höheren oder niedrigeren Frequenzen durchaus als mitgekoppelter Verstärker arbeiten oder sogar instabil werden kann, wenn man nicht besondere Maßnahmen (zusätzliche frequenzabhängige Dämpfung) ergreift.

Beim Aufbau eines mehrstufigen Verstärkers ergibt sich nun die Frage, ob man eine Gegenkopplung über alle Stufen einführen oder jede Stufe einzeln gegenkoppeln soll. Nennen wir n die Anzahl der Stufen, dann ergibt sich für die effektive Verstärkung, wenn jede Stufe einzeln gegengekoppelt wird,

$$\underline{V}_{\text{eff}} = \left(\frac{\underline{V}}{1 + \underline{B}_e \underline{V}}\right)^n = \frac{1}{\underline{B}_e^n + \langle\text{Terme mit } \underline{V}^{-1}, \underline{V}^{-2}, \ldots, \underline{V}^{-n}\rangle} \tag{15.26}$$

bzw. bei Gegenkopplung über alle Stufen

$$\underline{V}_{\text{eff}} = \frac{\underline{V}^n}{1 + \underline{B}_g \underline{V}^n} = \frac{1}{\underline{B}_g + \underline{V}^{-n}}. \tag{15.27}$$

$\underline{V}$ bezeichnet dabei die Verstärkung einer einzelnen Stufe und $\underline{B}_e$ bzw. $\underline{B}_g$ die Übertragungsfunktionen der rückkoppelnden Vierpole. Damit die beiden Schaltungen vergleichbar sind, muß $\underline{B}_g = \underline{B}_e^n$ sein, da sich dann in beiden Fällen für große $\underline{V}$ die gleiche effektive Verstärkung ergibt. Um nun zu erreichen, daß die effektive Verstärkung möglichst unabhängig von der Größe $\underline{V}$ wird (also auch schon für mäßig große $\underline{V}$ die Beziehung $\underline{V}_{\text{eff}} = \underline{B}_g^{-1}$ gilt), ist die Gesamtrückkopplung [Gl. (15.27)] vorzuziehen. Wenn man aber eine Gegenkopplung über einen relativ großen Frequenzbereich benötigt, wird diese Lösung ungünstig, da die Phasenverschiebung proportional der Anzahl der Verstärkerstufen ist und damit schon für kleinere Abweichungen von der Sollfrequenz die Gegenkopplung in eine Mitkopplung übergeht. Man wird also im allgemeinen einen Kompromiß schließen und über etwa drei Stufen gegenkoppeln.

Zum Abschluß betrachten wir noch einige einfache Schaltungen. In Abb. 15.7 ist eine Pentode in Katoden-

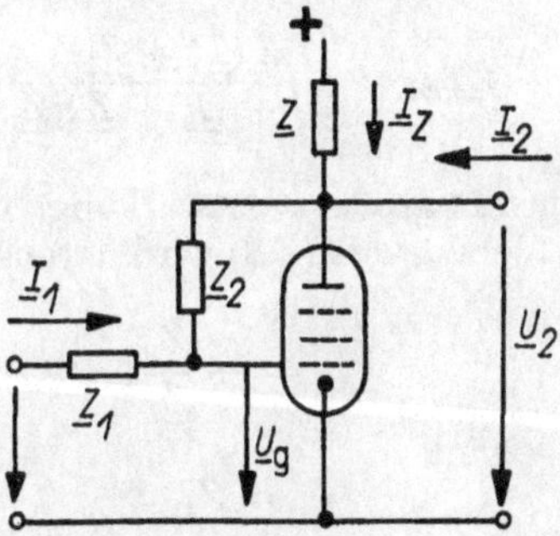

Abb. 15.7. Spannungsgegengekoppelte Pentode in Katodenbasisschaltung Gleichspannungen und Gleichströme sind der Einfachheit halber weggelassen

basisschaltung dargestellt, bei der eine Spannungsreihenschlußgegenkopplung durch die beiden Widerstände $\underline{Z}_1$ und $\underline{Z}_2$ eingeführt wurde. Aus den Beziehungen

$$\left.\begin{aligned}
&\underline{I}_a = S\underline{U}_g, \quad \underline{U}_1 = \underline{U}_g + \underline{I}_1\underline{Z}_1,\\
&\underline{I}_1(\underline{Z}_1 + \underline{Z}_2) = -(\underline{U}_2 - \underline{U}_1),\\
&\underline{I}_2 + \underline{I}_Z + \underline{I}_1 = \underline{I}_a,\\
&\underline{U}_2 = -\underline{I}_Z\underline{Z}
\end{aligned}\right\} \qquad (15.28)$$

erhält man unter der Voraussetzung $\underline{Z}_1 + \underline{Z}_2 \gg \underline{Z}$ für die Spannungsverstärkung im Leerlauf ($\underline{I}_2 = 0$)

$$\underline{V}_{eff} = \frac{\underline{U}_2}{\underline{U}_1} = -\underline{Z}S\frac{\underline{Z}_2}{\underline{Z}_1 + \underline{Z}_2 + \underline{Z}S\underline{Z}_1}, \qquad (15.29)$$

für den Eingangswiderstand im Leerlauf ($\underline{I}_2 = 0$)

$$\underline{Z}_E = \frac{\underline{U}_1}{\underline{I}_1} = \underline{Z}_1 + \frac{\underline{Z}_2}{1 + \underline{Z}S} \tag{15.30}$$

und für den Ausgangswiderstand bei kurzgeschlossenem Eingang ($\underline{U}_1 = 0$)

$$\underline{Z}_{A\,eff} = \frac{\underline{Z}(\underline{Z}_1 + \underline{Z}_2)}{\underline{Z}_1 + \underline{Z}_2 + \underline{Z}S\underline{Z}_1}. \tag{15.31}$$

Bei hinreichend großer Verstärkung des nichtrückgekoppelten Verstärkers ($\underline{Z}S$) wird daraus

$$\underline{V}_{eff} = -\frac{\underline{Z}_2}{\underline{Z}_1}, \tag{15.32}$$

$$\underline{Z}_E = \underline{Z}_1, \tag{15.33}$$

$$\underline{Z}_{A\,eff} = \frac{\underline{Z}_1 + \underline{Z}_2}{S\underline{Z}_1}, \tag{15.34}$$

d. h., die Verstärkung wird unabhängig von den Röhreneigenschaften, und der Ausgangswiderstand läßt sich unmittelbar mit der Steilheit S regeln.

Eine interessante Anwendung findet diese Schaltung als Differenzier- bzw. Integrierverstärker, wenn nämlich $\underline{Z}_1$ und $\underline{Z}_2$ durch Kondensatoren bzw. ohmsche Widerstände gebildet werden (vgl. Abb. 15.8).

Für die Schaltung nach Abb. 15.8*a* ergibt sich

$$\underline{V}_{eff} = -\frac{1}{j\omega CR} \tag{15.35}$$

und damit die allgemeine Übertragungsfunktion

$$V_{eff}(p) = -\frac{1}{pCR}. \tag{15.36}$$

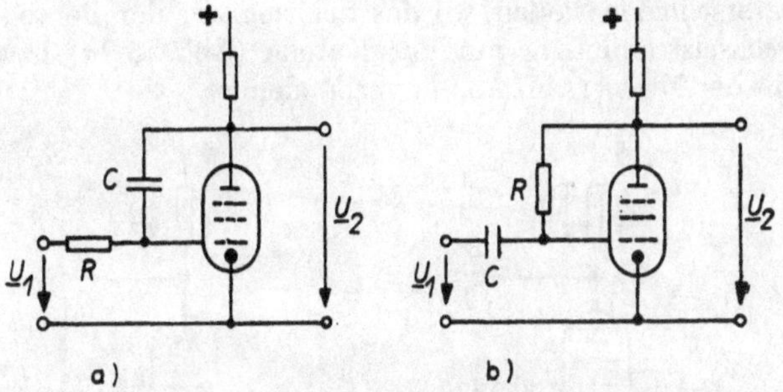

Abb. 15.8. Die Schaltung nach Abb. 15.7 als Integrier- (*a*) bzw. als Differenzierverstärker (*b*)

Für den Zusammenhang zwischen den LAPLACE-Transformierten der Eingangs- und Ausgangsspannung folgt also [vgl. Gl. (6.26)]

$$\mathscr{L}\{U_2(t)\} = -\frac{1}{pCR}\mathscr{L}\{U_1(t)\} = $$

$$= -\frac{1}{CR}\mathscr{L}\left\{\int_0^t U_1(t)\,\mathrm{d}t\right\} \qquad (15.37)$$

oder im Zeitbereich

$$U_2(t) = -\frac{1}{CR}\int_0^t U_1(t)\,\mathrm{d}t. \qquad (15.38)$$

Analog erhält man für die Schaltung nach Abb. 15.8*b*

$$U_2(t) = -RC\,\frac{\mathrm{d}U_1(t)}{\mathrm{d}t}. \qquad (15.39)$$

Es erscheint aber wichtig, darauf hinzuweisen, daß die beiden Gleichungen (15.38) und (15.39) nur Näherungen darstellen und daß im allgemeinen Fall die Gleichung (15.29) zugrunde gelegt werden muß.

Als nächstes Beispiel betrachten wir die Katodenstromgegenkopplung, wobei wir zwischen den beiden Fällen unterscheiden wollen, wo das Schirmgitter der Pentode wechselstrommäßig mit der Katode (Abb. 15.9*a*) bzw. mit der Masse (Abb. 15.9*b*) verbunden ist.

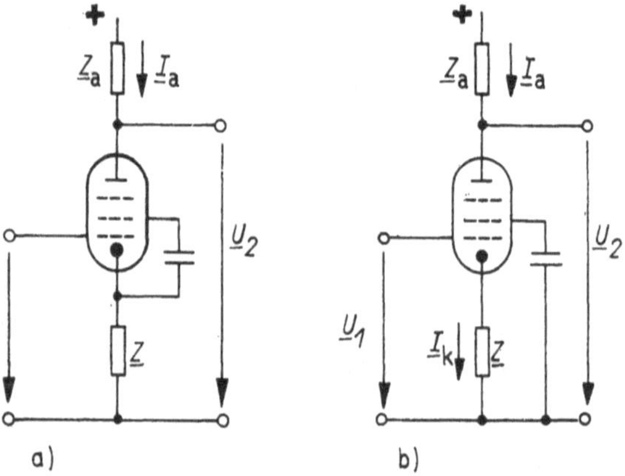

Abb. 15.9. Stromgegengekoppelte Pentode in Katodenbasisschaltung Gleichspannungen und Gleichströme sind der Einfachheit halber weggelassen

Für die Schaltung nach Abb. 15.9*a* ergibt sich aus den Beziehungen

$$\left.\begin{aligned} \underline{I}_a &= S\,\underline{U}_g, \\ \underline{U}_1 &= \underline{U}_g + \underline{I}_a \underline{Z}, \\ \underline{U}_2 &= -\underline{Z}_a \underline{I}_a \end{aligned}\right\} \tag{15.40}$$

sofort

$$\underline{V}_{eff} = \frac{\underline{U}_2}{\underline{U}_1} = -\frac{\underline{Z}_a S}{1 + S\underline{Z}} \tag{15.41}$$

und für die Schaltung nach Abb. 15.9*b* aus den Beziehungen

$$\left.\begin{aligned} \underline{I}_a &= S\,\underline{U}_g, \\ \underline{U}_1 &= \underline{U}_g + \underline{I}_k \underline{Z}, \\ \underline{U}_2 &= -\underline{Z}_a \underline{I}_a \end{aligned}\right\} \tag{15.42}$$

die Gleichung

$$\underline{V}_{\text{eff}} = \frac{\underline{U}_2}{\underline{U}_1} = -\frac{\underline{Z}_a S}{1 + S\underline{Z}\frac{\underline{I}_a}{\underline{I}_k}}. \tag{15.43}$$

Man erkennt also, daß die Schaltung nach Abb. 15.9*a* vorzuziehen ist, da nur in diesem Fall für $S\underline{Z} \gg 1$ die Verstärkung von den Eigenschaften der Röhre unabhängig wird.

Aufgabe:

Berechnung der Ausgangsspannung eines einfachen RC-Differenzier- bzw. Integriergliedes, wenn ein Rechteckimpuls der Breite τ und der Amplitude U_1 zur Zeit $t = 0$ an den Eingang gelegt wird.

Lösung:

Differenzierglied

$$U_2 = \begin{cases} U_1 \exp\left(-\dfrac{t}{RC}\right) \text{ für } 0 < t < \tau, \\[2ex] -U_1 \exp\left(-\dfrac{t}{RC}\right)\left[-1 + \exp\left(\dfrac{\tau}{RC}\right)\right] \text{ für } \tau < t, \end{cases}$$

Integrierglied

$$U_2 = \begin{cases} U_1\left[-\exp\left(-\dfrac{t}{RC}\right) + 1\right] \text{ für } 0 \leqq t \leqq \tau, \\[2ex] U_1 \exp\left(-\dfrac{t}{RC}\right)\left[\exp\left(\dfrac{\tau}{RC}\right) - 1\right] \text{ für } \tau < t. \end{cases}$$

15.2. Regelung

Es soll hier keine auch nur annähernd vollständige Behandlung der in Regelungsschaltungen auftretenden Probleme gegeben werden, sondern nur das Prinzip dargestellt und an Hand zweier Beispiele (Stromregelung und Spannungsstabilisierung) erläutert werden. Abb. 15.10 zeigt das Schema einer Regelschaltung. Der von links eintretende Energiefluß wird durch die beiden Meßfühler gemessen, deren Ausgangssignal zur Steuerung

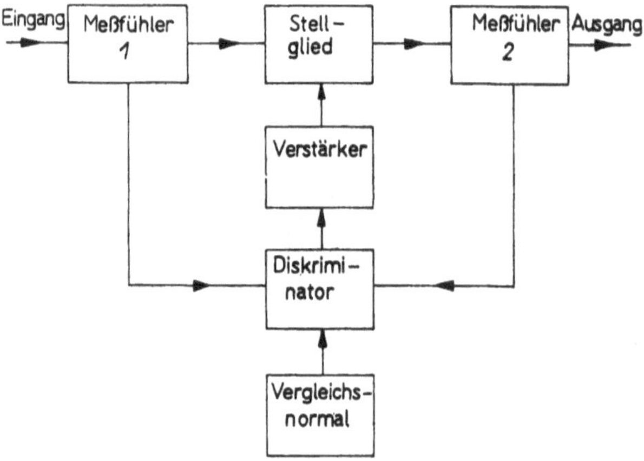

Abb. 15.10. Schema einer Regelschaltung

des Stellgliedes, das den Energiefluß drosselt, dient. Ist nur der Meßfühler 1 vorhanden, so spricht man von einer vorwärts geregelten Schaltung (Steuerung) und im anderen Fall von einer Rückwärtsregelung (Regelung). Der Diskriminator bildet die Differenz zwischen dem Signal des Meßfühlers und des Vergleichsnormals, damit Abweichungen vom Sollwert relativ vergrößert und damit höher (wegen der Übersteuerung des Verstärkers) verstärkt werden können. Abb. 15.11 zeigt die Verhältnisse ohne (*a*) bzw. mit (*b*) Diskriminator und Vergleichsnormal.

Als Anwendungsbeispiel betrachten wir die in Abb. 15.12 dargestellte einfache Stromregelschaltung. R_V bezeichnet den Verbraucherwiderstand, U die Spannung der Stromquelle und I den Strom, der möglichst unabhängig von Schwankungen des Verbraucherwiderstandes

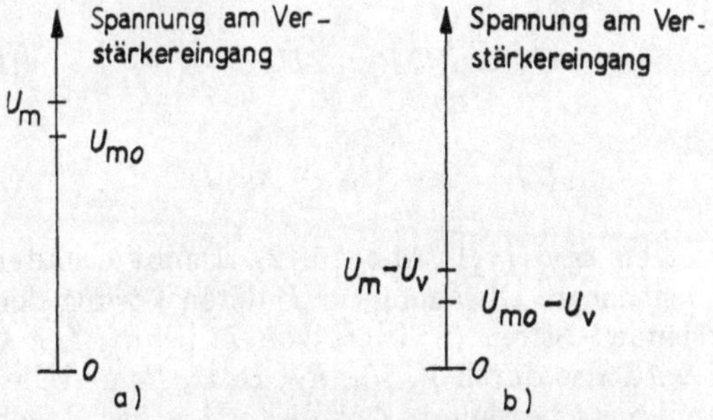

Abb. 15.11. Zur Wirkung des Diskriminators und Vergleichsnormals
U_m stellt die vom Meßfühler tatsächlich abgegebene Signalspannung dar, U_{m0} die Sollspannung und U_v die Spannung des Vergleichsnormals
a) ohne Diskriminator und Vergleichsnormal; *b)* mit Diskriminator und Vergleichsnormal

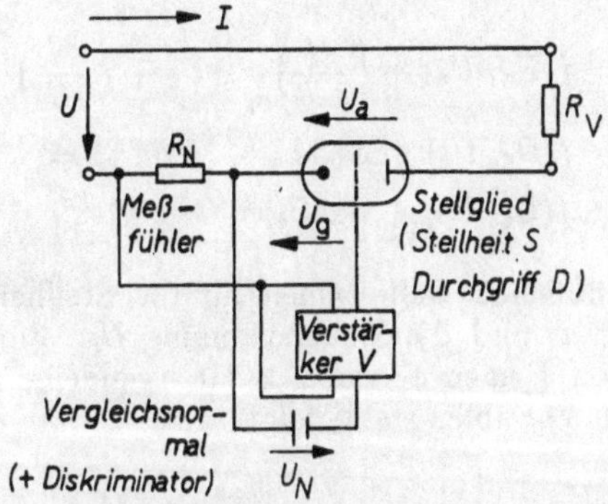

Abb. 15.12. Einfache Stromregelschaltung
Durch die Hintereinanderschaltung der Spannung am Widerstand R_N und des Vergleichsnormals U_N erübrigt sich ein besonderer Diskriminator

und der Stromquelle sein soll. Wir schreiben für den Anodenstrom der Röhre allgemein

$$I = f(U_g, U_a), \tag{15.44}$$

wobei

$$U_g = V(I R_N - U_N) - I R_N \tag{15.45}$$

und

$$U_a = U - (R_v + R_N)\, I \tag{15.46}$$

einzusetzen sind (vgl. Abb. 15.12). Damit erhalten wir eine nichtlineare Gleichung für I, deren Lösung den sich einstellenden Strom (Sollwert von I) liefert. Die Größe von I wird also durch V, U_N, R_N, D, U, R_v und die Röhrenkennlinie f bestimmt. Zur Diskussion der Regelungswirkung, d. h. der Frage, wie sich I ändert, wenn eine dieser Größen Schwankungen (Netzspannungsschwankungen, Temperatureffekte usw.) unterworfen ist, brauchen wir nur kleine Änderungen der Ströme und Spannungen zu berücksichtigen. Wir schreiben

$$\begin{aligned} I + \Delta I &= f(U_g, U_a) + \left(\frac{\partial f}{\partial U_g}\right)_{U_a} \Delta U_g + \left(\frac{\partial f}{\partial U_a}\right)_{U_g} \Delta U_a = \\ &= f(U_g, U_a) + S(\Delta U_g + D \Delta U_a) = \\ &= f(U_g, U_a) + S \Delta U_{St} \end{aligned} \tag{15.47}$$

mit den üblichen Definitionen für die Steilheit S, den Durchgriff D und die Steuerspannung U_{St}. Für die Ableitung von I nach x, wobei x für irgendeine der oben genannten Variablen steht, folgt

$$\frac{\partial I}{\partial x} = S \frac{\partial U_{St}}{\partial x} = S \left\{ \left(\frac{\partial U_{St}}{\partial x}\right)_I + \left(\frac{\partial U_{St}}{\partial I}\right) \frac{\partial I}{\partial x} \right\}. \tag{15.48}$$

Unter Verwendung der Gln. (15.45) und (15.46) ergibt sich daraus

$$\frac{\partial I}{\partial x} = \frac{S \left(\frac{\partial U_{St}}{\partial x}\right)_I}{1 - S\,(V - 1)\, R_N + S D\,(R_V + R_N)}. \tag{15.49}$$

Bezeichnen wir als Stabilisierungsfaktor F die Größe

$$F = \frac{1}{1 - S\,(V - 1)\,R_N + SD\,(R_V + R_N)}, \qquad (15.50)$$

die für $V < 0$ (z. B. einstufiger Röhrenverstärker in Katodenbasisschaltung) stets kleiner als 1 ist, so folgt für die totale Änderung von I

$$\Delta I = FS\left\{\left(\frac{\partial U_{St}}{\partial V}\right)_I \Delta V + \left(\frac{\partial U_{St}}{\partial U_N}\right)_I \Delta U_N + \left(\frac{\partial U_{St}}{\partial R_N}\right)_I \Delta R_N \right.$$
$$\left. + \left(\frac{\partial U_{St}}{\partial D}\right)_I \Delta D + \left(\frac{\partial U_{St}}{\partial U}\right)_I \Delta U + \left(\frac{\partial U_{St}}{\partial R_V}\right)_I \Delta R_V \right\}, \qquad (15.51)$$

wobei die partiellen Ableitungen unter Verwendung der Gln. (15.45) bis (15.47) einzusetzen sind. Für die Änderung von I bei einer Änderung der Eingangsspannung U um ΔU erhält man also beispielsweise sofort

$$\Delta I = FSD\Delta U = F\,\frac{\Delta U}{R_i} \qquad (15.52)$$

und für den Fall, daß sich der Verbraucherwiderstand R_V um ΔR_V ändert,

$$\Delta I = -\,FSDI\Delta R_V = -\,FI\,\frac{\Delta R_V}{R_i}. \qquad (15.53)$$

Da der Stabilisierungsfaktor F mit $|S V R_N| \gg 1$ beliebig kleine (positive) Werte annehmen kann, läßt sich — wenigstens im Prinzip — die Stromänderung beliebig klein halten. Das gilt aber nicht für Änderungen, die von den Schwankungen des Normalwiderstandes R_N und des Vergleichsnormals U_N herrühren, wie man leicht aus Gl. (15.51) abliest.

Als zweites Beispiel ist in Abb. 15.13 eine einfache Schaltung zur Spannungsstabilisierung dargestellt, wobei

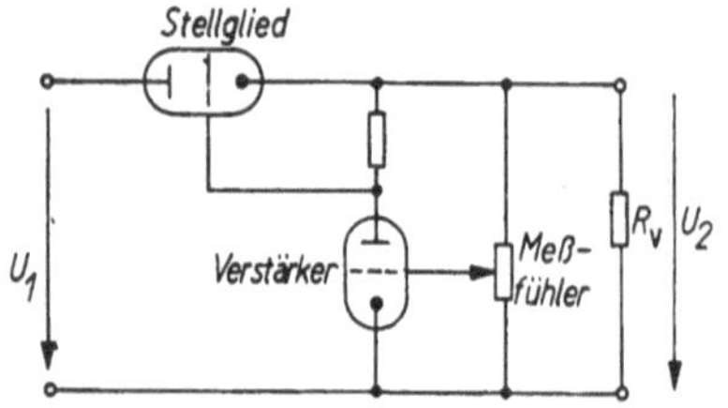

Abb. 15.13. Einfache Regelschaltung zur Spannungsstabilisierung

ein Vergleichsnormal entweder als Batterie in die Gitterzuleitung der unteren Röhre oder als Glimmlampe in die Katodenleitung derselben Röhre eingeschaltet werden kann.

16. Selektivverstärker

Selektivverstärker sollen im Gegensatz zu Breitbandverstärkern nur in einem schmalen Frequenzband verstärkend wirken. Diese Forderung tritt außer in der Nachrichtentechnik z. B. beim Nachweis schwacher Signale auf, da die Rauschleistung proportional der Bandbreite ist und damit das Signal-Rausch-Verhältnis durch Verringerung der Bandbreite vergrößert werden kann. Eine weitere Anwendung finden die Selektivverstärker bei der direkten Messung des Frequenzspektrums irgendwelcher stationärer Zeitfunktionen, indem man die Ausgangsspannung des Selektivverstärkers, an dessen Eingang die zu analysierende Spannung gelegt wird, als Funktion der Frequenz aufträgt. Als Selektivverstärker kommen im wesentlichen drei Grundtypen in Frage:

1. die Resonanzverstärker, bei denen als Anodenwiderstand Schwingkreise oder Bandfilter Verwendung finden,

2. frequenzabhängig rückgekoppelte Verstärker,
3. „lock-in"-Verstärker.

Wir wollen uns hier zunächst mit den frequenzabhängig rückgekoppelten Verstärkern beschäftigen und anschließend noch das Prinzip der „lock-in"-Verstärker erläutern.

Selektivverstärker können durch Rückkopplung in zweierlei Weise realisiert werden, und zwar

a) durch positive Rückkopplung (Mitkopplung) der zu verstärkenden Frequenz und
b) durch negative Rückkopplung (Gegenkopplung) aller Frequenzen außer der zu verstärkenden.

Da die Verstärkung bei einer Mitkopplung wenig stabil und die Schwingneigung sehr groß ist [vgl. Gl. (15.15)], findet im allgemeinen nur die zweite Möglichkeit Anwendung. Das Hauptproblem besteht zunächst in der Auswahl geeigneter frequenzabhängiger Netzwerke, über die die Gegenkopplung erfolgen soll. Hierfür kommen im wesentlichen drei Schaltungen in Frage, und zwar

1. die Wien-Brücke,
2. das überbrückte T-Glied und
3. das Doppel-T-Glied.

In Abb. 16.1 ist die als Wien-Brücke bezeichnete Schaltung dargestellt, aus der man ersieht, daß es sich um eine einfache Brückenschaltung handelt, bei der im oberen Zweig eine Parallel- bzw. Serienschaltung eines ohmschen Widerstandes und einer Kapazität vorliegt.

Im unbelasteten Zustand ($\underline{I}_2 = 0$) erhält man für das Verhältnis von Ausgangs- zu Eingangsspannung (Spannungsteiler im oberen und unteren Zweig)

$$\frac{\underline{U}_2}{\underline{U}_1} = \frac{R_3 + \dfrac{1}{j\omega C_3}}{R_3 + \dfrac{1}{j\omega C_3} + R_4 \dfrac{1}{j\omega C_4}\left(R_4 + \dfrac{1}{j\omega C_4}\right)^{-1}} - \frac{R_1}{R_1 + R_2} \tag{16.1}$$

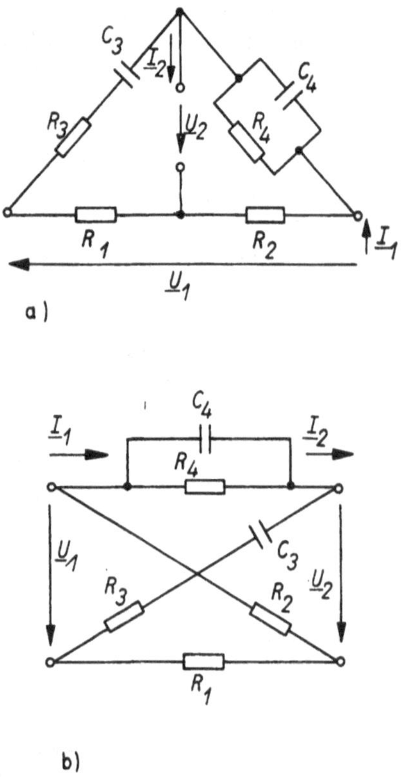

Abb. 16.1. WIEN-Brücke
a) in der üblichen Brückenschaltung; *b)* als Vierpol umgezeichnet

und somit als Nullbedingung ($\underline{U}_2/\underline{U}_1 = 0$)

$$\frac{R_1}{R_2} = \left(R_3 + \frac{1}{j\omega C_3}\right)\left(R_4 + \frac{1}{j\omega C_4}\right)\frac{j\omega C_4}{R_4} \qquad (16.2)$$

oder

$$\left.\begin{aligned} \omega &= \frac{1}{\sqrt{R_3 C_3 R_4 C_4}}, \\ R_1 R_4 &= R_2 R_3 + R_2 R_4 \frac{C_4}{C_3}, \end{aligned}\right\} \quad (16.3)$$

da (16.2) sowohl für den Realteil als auch für den Imaginärteil erfüllt sein muß. Zum Nullabgleich einer WIEN-Brücke sind also wenigstens zwei Komponenten zu regeln. Mit R_3, C_3, R_4 oder C_4 wird die Frequenz eingestellt und mit R_1 oder R_2 dann der vollständige Nullabgleich vollzogen.

Als nachteilig bei der WIEN-Brücke erweist sich die Tatsache, daß nicht gleichzeitig ein Pol des Eingangs und des Ausgangs geerdet werden kann. Dieser Nachteil entfällt bei den T-Gliedern.

Wir beginnen mit einem einfachen T-Glied, wie es in Abb. 16.2 dargestellt ist. Wegen der später beabsichtig-

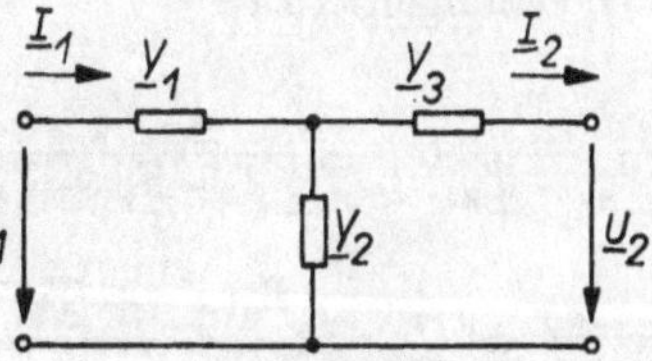

Abb. 16.2. Schaltbild eines T-Gliedes
Die $\underline{Y}_1$, $\underline{Y}_2$, $\underline{Y}_3$ stellen komplexe Leitwerte dar

ten Parallelschaltung rechnen wir zweckmäßigerweise mit den Leitwerten $\underline{Y}$ der Schaltung und schreiben die Vierpolgleichungen in der Leitwertform auf:

$$\left.\begin{aligned} \underline{I}_1 &= \underline{Y}_{11} \underline{U}_1 + \underline{Y}_{12} \underline{U}_2, \\ \underline{I}_2 &= \underline{Y}_{21} \underline{U}_1 + \underline{Y}_{22} \underline{U}_2. \end{aligned}\right\} \quad (16.4)$$

Die in dieser allgemeinen Form zunächst unbestimmten Koeffizienten $\underline{Y}_{ik}$ lassen sich leicht als Funktion der $\underline{Y}_i$ ausdrücken, indem man beispielsweise den Vierpol bei Kurzschluß bzw. Leerlauf des Eingangs und des Ausgangs betrachtet, d. h. $\underline{U}_1$, $\underline{U}_2$, $\underline{I}_1$, $\underline{I}_2$ nacheinander Null setzt. Man erhält z. B. für den Fall $\underline{U}_2 = 0$ aus Gl.(16.4)

$$\frac{\underline{I}_1}{\underline{U}_1} = \underline{Y}_{11} \tag{16.5}$$

und aus Abb. 16.2

$$\frac{\underline{I}_1}{\underline{U}_1} = \frac{\underline{Y}_1(\underline{Y}_2 + \underline{Y}_3)}{\underline{Y}_1 + \underline{Y}_2 + \underline{Y}_3}, \tag{16.6}$$

d. h. für $\underline{Y}_{11}$ den Ausdruck

$$\underline{Y}_{11} = \frac{\underline{Y}_1(\underline{Y}_2 + \underline{Y}_3)}{\underline{Y}_1 + \underline{Y}_2 + \underline{Y}_3}. \tag{16.7}$$

Mit den analog bestimmten übrigen Koeffizienten folgt dann für die Gleichungen (16.4)

$$\left.\begin{aligned} \underline{I}_1 &= \frac{\underline{Y}_1(\underline{Y}_2 + \underline{Y}_3)}{\underline{Y}_1 + \underline{Y}_2 + \underline{Y}_3}\,\underline{U}_1 - \frac{\underline{Y}_1\underline{Y}_3}{\underline{Y}_1 + \underline{Y}_2 + \underline{Y}_3}\,\underline{U}_2, \\ \underline{I}_2 &= \frac{\underline{Y}_1\underline{Y}_3}{\underline{Y}_1 + \underline{Y}_2 + \underline{Y}_3}\,\underline{U}_1 - \frac{\underline{Y}_3(\underline{Y}_1 + \underline{Y}_2)}{\underline{Y}_1 + \underline{Y}_2 + \underline{Y}_3}\,\underline{U}_2 \end{aligned}\right\} \tag{16.8}$$

oder für die Leitwertmatrix (mit $\sum \underline{Y}_i = \underline{Y}_1 + \underline{Y}_2 + \underline{Y}_3$)

$$\frac{1}{\sum \underline{Y}_i}\begin{pmatrix} \underline{Y}_1(\underline{Y}_2 + \underline{Y}_3) & -\underline{Y}_1\underline{Y}_3 \\ \underline{Y}_1\underline{Y}_3 & -\underline{Y}_3(\underline{Y}_1 + \underline{Y}_2) \end{pmatrix}. \tag{16.9}$$

Wie man leicht beweisen kann, ergibt sich die Leitwertmatrix eines Vierpols, der durch die Parallelschaltung zweier Vierpole gebildet wird, einfach als Summe der

Leitwertmatrizen der beiden Vierpole, so daß also die Leitwertmatrix für das in Abb. 16.3 dargestellte Doppel-T-Glied die Form

$$\begin{pmatrix} \frac{\underline{Y}_1(\underline{Y}_2+\underline{Y}_3)}{\Sigma \underline{Y}_i} + \frac{\underline{Y}_1'(\underline{Y}_2'+\underline{Y}_3')}{\Sigma \underline{Y}_i'} & -\frac{\underline{Y}_1\underline{Y}_3}{\Sigma \underline{Y}_i} - \frac{\underline{Y}_1'\underline{Y}_3'}{\Sigma \underline{Y}_i'} \\ \frac{\underline{Y}_1\underline{Y}_3}{\Sigma \underline{Y}_i} + \frac{\underline{Y}_1'\underline{Y}_3'}{\Sigma \underline{Y}_i'} & -\frac{\underline{Y}_3(\underline{Y}_1+\underline{Y}_2)}{\Sigma \underline{Y}_i} - \frac{\underline{Y}_3'(\underline{Y}_1'+\underline{Y}_2')}{\Sigma \underline{Y}_i'} \end{pmatrix} \quad (16.10)$$

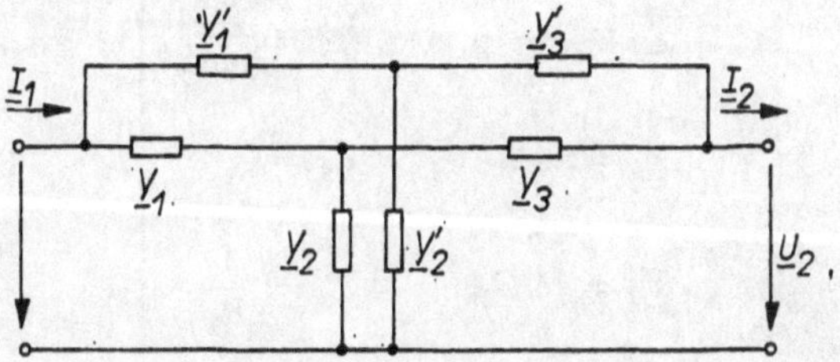

Abb. 16.3. Schaltbild eines Doppel-T-Gliedes

besitzt. Für das Verhältnis von Ausgangs- zu Eingangsspannung des Doppel-T-Gliedes im unbelasteten Zustand ($\underline{I}_2 = 0$) erhält man also

$$\left(\frac{\underline{U}_2}{\underline{U}_1}\right)_{\underline{I}_2=0} = -\frac{\underline{Y}_{21}+\underline{Y}_{21}'}{\underline{Y}_{22}+\underline{Y}_{22}'} = = \frac{\underline{Y}_1\underline{Y}_3\sum\underline{Y}_i' + \underline{Y}_1'\underline{Y}_3'\sum\underline{Y}_i}{\underline{Y}_3(\underline{Y}_1+\underline{Y}_2)\sum\underline{Y}_i' + \underline{Y}_3'(\underline{Y}_1'+\underline{Y}_2')\sum\underline{Y}_i} \quad (16.11)$$

und als Bedingung für den Nullabgleich

$$\underline{Y}_1\underline{Y}_3\sum\underline{Y}_i' + \underline{Y}_1'\underline{Y}_3'\sum\underline{Y}_i = 0. \quad (16.12)$$

Die Anwendung dieser allgemeinen Beziehung auf das in Abb. 16.4 dargestellte überbrückte T-Glied liefert

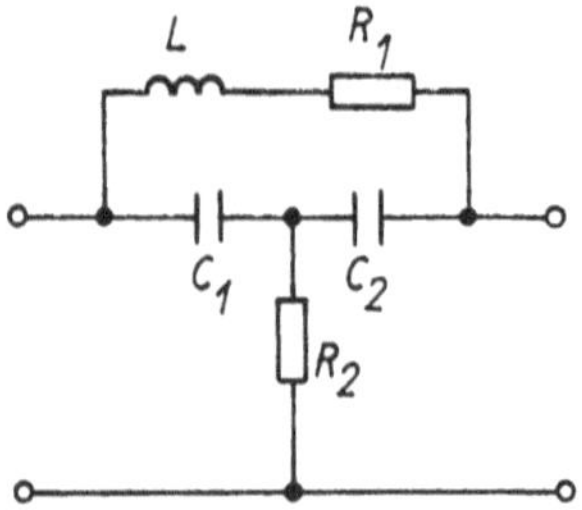

Abb. 16.4. Überbrücktes T-Glied

mit

$$\left.\begin{aligned} \underline{Y}_1 &= j\omega C_1, & \underline{Y}_1' &= \frac{1}{j\omega L}, \\ \underline{Y}_2 &= \frac{1}{R_2}, & \underline{Y}_2' &= 0, \\ \underline{Y}_3 &= j\omega C_2, & \underline{Y}_3' &= \frac{1}{R_1} \end{aligned}\right\} \tag{16.13}$$

die Bedingungen

$$\omega = \frac{1}{\sqrt{R_1 C_1 R_2 C_2}}, \tag{16.14}$$

$$\frac{1}{C_1} + \frac{1}{C_2} = \omega^2 L \tag{16.15}$$

(für $R_1 = R_2 = R$ und $C_1 = C_2 = C$ ergibt sich also $\omega = 2R/L$ mit $C = L/2R^2$, d. h., ω wächst proportional mit R). Für das spezielle Doppel-T-Glied von Abb. 16.5 folgen mit

$$\left.\begin{aligned} \underline{Y}_1 &= j\omega C_1, & \underline{Y}_1' &= \frac{1}{R_1}, \\ \underline{Y}_2 &= \frac{1}{R_3}, & \underline{Y}_2' &= j\omega C_3, \\ \underline{Y}_3 &= j\omega C_2, & \underline{Y}_3' &= \frac{1}{R_2} \end{aligned}\right\} \tag{16.16}$$

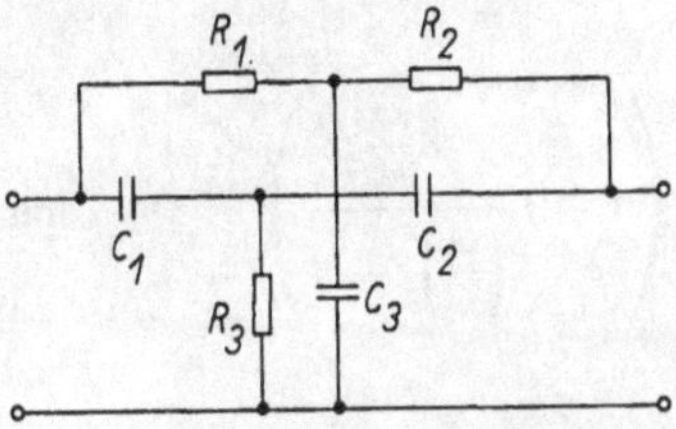

Abb. 16.5. Doppel-T-Glied

die Bedingungen

$$\omega^2 C_3 R_1 R_2 = \frac{1}{C_1} + \frac{1}{C_2}, \qquad (16.17)$$

$$\omega^2 R_3 C_1 C_2 = (R_1 + R_2)^{-1}. \qquad (16.18)$$

Insbesondere für niedrige Frequenzen wird man von den hier betrachteten Schaltungen das Doppel-T-Glied vorziehen, da es im Gegensatz zum überbrückten T-Glied keine Induktivität enthält, die bei kleinem ω unbequem hohe Werte annehmen muß.

Außer den Nullbedingungen ist noch die Frequenzabhängigkeit der Ausgangsspannung in der Nähe des Nullabgleichs wichtig, da hierdurch die Bandbreite des Selektivverstärkers mit bestimmt wird. Auf diese Fragen, deren Lösung einfach aus einer Diskussion der Gleichungen (16.1) und (16.11) in Verbindung mit Gl. (15.5) folgt, wollen wir aber hier aus Raumgründen verzichten und verweisen auf die einschlägige Literatur [V 1].

Aufgabe:

Man berechne das Verhältnis der Ausgangsspannung zur Eingangsspannung für die Wien-Brücke, das überbrückte T-Glied und das Doppel-T-Glied nach den Abbildungen 16.1 (mit $R_3 = R_4 = R$; $R_1 = 2R_2$ und $C_3 = C_4 = C$), 16.4 (mit $R_1 = R_2 = R$ und $C_1 = C_2 = C$) und 16.5 (mit $R_1 = R_2 = R$; $R_3 = R/2$; $C_3 = 2C$ und $C_1 = C_2 = C$).

Lösung:

$$\underline{V}_{\text{WIEN}} = \frac{1}{3}\left(1 - j\,\frac{3\,\dfrac{\omega}{\omega_0}}{\left(\dfrac{\omega}{\omega_0}\right)^2 - 1}\right)^{-1} \qquad \text{mit } \omega_0 = \frac{1}{RC};$$

$$\underline{V}_{\text{überbr. }T} = \left(1 - j\,\frac{\dfrac{\omega}{\omega_0}}{\left(\dfrac{\omega}{\omega_0}\right)^2 - 1}\right)^{-1} \qquad \text{mit } \omega_0 = \sqrt{\frac{2}{LC}} = \frac{1}{RC};$$

$$\underline{V}_{\text{Doppel-}T} = \left(1 - j\,\frac{4\,\dfrac{\omega}{\omega_0}}{\left(\dfrac{\omega}{\omega_0}\right)^2 - 1}\right)^{-1} \qquad \text{mit } \omega_0 = \frac{1}{RC}.$$

Es ergibt sich nunmehr die Frage, in welcher Weise derartige Netzwerke in Verstärkerschaltungen eingebaut werden können. Abb. 16.6 zeigt als erste Möglichkeit die Verwendung eines sogenannten Differenzverstärkers.

Der Katodenstrom der Eingangsröhre wird durch die Eingangsspannung gesteuert und erzeugt am Katoden-

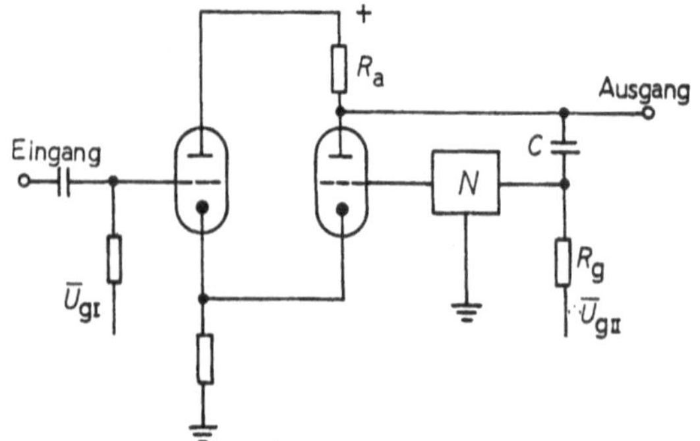

Abb. 16.6. Schaltung eines Differenzverstärkers als Selektivverstärker

widerstand einen Spannungsabfall, der als Eingangsspannung für die zweite Röhre wirkt (s. unten).

Eine zweite Möglichkeit, bei der eine sogenannte Kaskodeschaltung zweier Röhren verwendet wird, zeigt Abb. 16.7. Der Spannungsteiler dient dabei lediglich zur

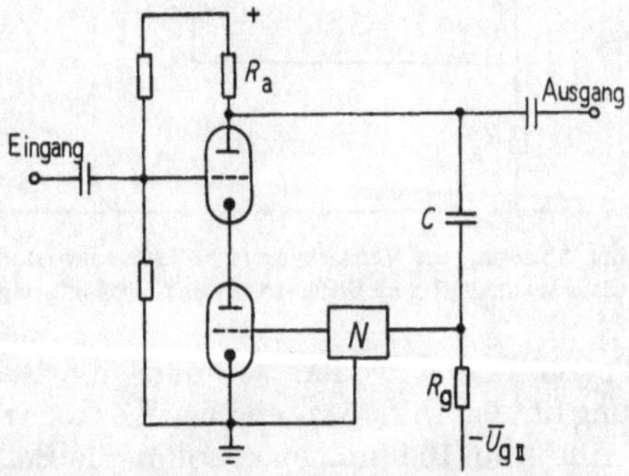

Abb. 16.7. Verwendung einer Kaskodeschaltung als Selektivverstärker

Einstellung der Arbeitspunkte der Röhren. Bei dieser Schaltung erweist sich die Tatsache als besonders vorteilhaft, daß die Verstärkung bezüglich der unteren Röhre relativ groß ist (s. unten). Das $R_g C$-Glied vor dem Eingang der rückkoppelnden Netzwerke N, das zur Abtrennung der Anodengleichspannung eingefügt werden muß, soll dabei eine möglichst große Zeitkonstante besitzen, damit die Phasenverschiebung durch dieses Glied klein bleibt und auch bei den niedrigen Frequenzen keine Mitkopplung zustande kommen kann. Gewöhnlich genügt es, wenn die Grenzfrequenz dieses Gliedes ($1/2\pi R_g C$) unter einem Zehntel der Resonanzfrequenz des Netzwerkes liegt. Die Wahl des Anodenwiderstandes R_a ergibt sich aus der geforderten Verstärkung, wobei zu beachten ist, daß zur Erzielung geringer Bandbreiten hohe Verstärkungen erforderlich sind.

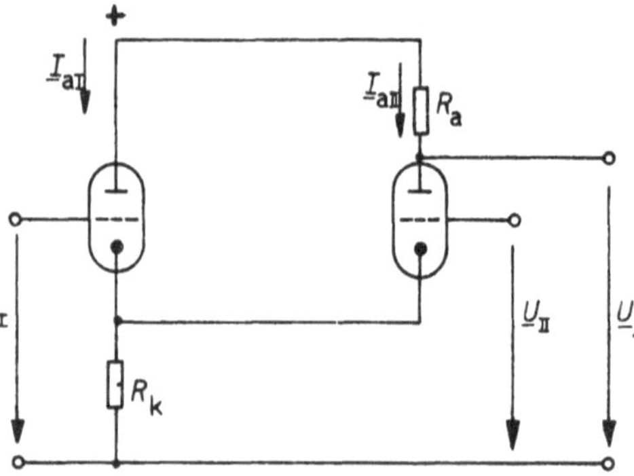

Abb. 16.8. Zur Ableitung der Verstärkung eines Differenzverstärkers Gleichspannungen und Gleichströme sind nicht mit eingezeichnet

Aus diesem Grund wollen wir noch die Spannungsverstärkung für den Differenz- und den Kaskodeverstärker ableiten. Aus Abb. 16.8 liest man sofort die Beziehungen

$$\underline{I}_{\mathrm{aI}} = S(\underline{U}_{\mathrm{I}} - R_{\mathrm{k}}(\underline{I}_{\mathrm{aI}} + \underline{I}_{\mathrm{aII}})) - SDR_{\mathrm{k}}(\underline{I}_{\mathrm{aI}} + \underline{I}_{\mathrm{aII}}), \tag{16.19}$$

$$\underline{I}_{\mathrm{aII}} = S(\underline{U}_{\mathrm{II}} - R_{\mathrm{k}}(\underline{I}_{\mathrm{aI}} + \underline{I}_{\mathrm{aII}})) - SDR_{\mathrm{a}}\underline{I}_{\mathrm{aII}} - - SDR_{\mathrm{k}}(\underline{I}_{\mathrm{aI}} + \underline{I}_{\mathrm{aII}}), \tag{16.20}$$

$$\underline{U}_2 = -\underline{I}_{\mathrm{aII}} R_{\mathrm{a}} \tag{16.21}$$

ab und erhält daraus durch einige einfache Umformungen unter der Voraussetzung $SR_{\mathrm{k}} \gg 1$

$$\underline{U}_2 = \frac{SR_{\mathrm{a}}}{2 + \dfrac{R_{\mathrm{a}}}{R_{\mathrm{i}}}} (\underline{U}_{\mathrm{I}} - \underline{U}_{\mathrm{II}}). \tag{16.22}$$

Die Ausgangsspannung ist also tatsächlich proportional der Differenz der Eingangsspannungen und wächst monoton mit R_{a}.

Für die Kaskodeschaltung erhält man aus Abb. 16.9

$$\underline{I}_{\text{a}} = S(\underline{U}_{\text{I}} - \underline{U}_{\text{aII}}) + SD\underline{U}_{\text{aI}}, \tag{16.23}$$

$$\underline{I}_{\text{a}} = S\underline{U}_{\text{II}} + SD\underline{U}_{\text{aII}}, \tag{16.24}$$

$$\underline{U}_{\text{aI}} + \underline{U}_{\text{aII}} + \underline{I}_{\text{a}}R_{\text{a}} = 0, \tag{16.25}$$

$$\underline{U}_2 = -R_{\text{a}}\underline{I}_{\text{a}} \tag{16.26}$$

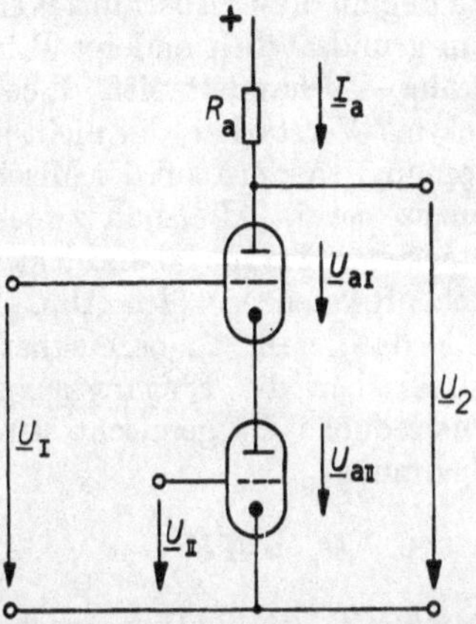

Abb. 16.9. Zur Ableitung der Verstärkung einer Kaskodeschaltung
Gleichspannungen und Gleichströme sind nicht mit eingezeichnet

und daraus durch einfache Umformungen unter Beachtung von $D \ll 1$

$$\underline{U}_2 = -\frac{SR_{\text{a}}}{1 + R_{\text{a}}\left(\frac{D}{R_i}\right)}(D\underline{U}_{\text{I}} + \underline{U}_{\text{II}}). \tag{16.27}$$

Es ergibt sich also für beide Eingänge die gleiche Beziehung wie für die Spannungsverstärkung einer einfachen Triode in Katodenbasisschaltung [Gl. (13.13)], wobei aber bezüglich des unteren Eingangs ($\underline{U}_{\text{II}}$) der Innenwiderstand effektiv auf R_{i}/D vergrößert und bezüglich des oberen

Eingangs ($\underline{U}_{\rm I}$) der Außenwiderstand effektiv auf $R_a D$ verringert ist. Besonders bemerkenswert an diesem Resultat ist die Tatsache, daß sich die Kaskodeschaltung hinsichtlich der Verstärkung von $\underline{U}_{\rm II}$ wie eine Pentode verhält (großes R_i). Gegenüber einer Pentode besitzt die Kaskodeschaltung aber den Vorteil eines geringeren Rauschens (da das Stromverteilungsrauschen zwischen Schirmgitter und Anode entfällt) und die Möglichkeit der doppelten Steuerbarkeit.

Wie schon zu Beginn dieses Abschnittes erwähnt wurde, gibt es noch ein grundsätzlich anderes Prinzip zur selektiven Verstärkung. Es handelt sich dabei um den sogenannten „lock-in“-Verstärker, der nicht auf einer selektiven Rückkopplung, sondern auf der Mischung mit einer Vergleichsfrequenz beruht, die man zweckmäßigerweise in das zu verstärkende Frequenzband legt (Mischung auf niedrige Zwischenfrequenzen). In Abb. 16.10 ist das Prinzipschaltbild dargestellt. M bezeichnet dabei irgendein Mischglied, in dem die Eingangsspannung U_1 mit einer Vergleichsfrequenz U_v gemischt wird, so daß am Ausgang die Spannung

$$U_2 = K\,U_1\,U_V \tag{16.28}$$

entsteht (z. B. eine multiplikative Mischung mit einer Mehrgitterröhre). Anschließend an dieses Mischglied folgt noch ein einfacher Tiefpaß, z. B. das in Abb. 16.10 dargestellte RC-Siebglied.

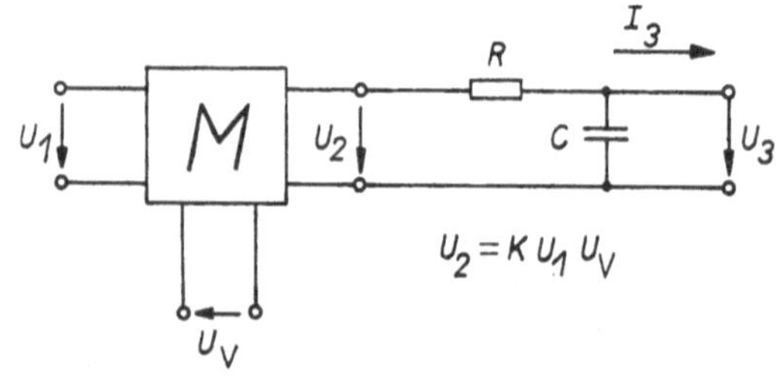

Abb. 16.10. Prinzipschaltbild eines „lock-in“-Verstärkers

Es sei nun

$$U_1 = \check{U}_1 \cos \omega t, \quad U_V = \check{U}_V \cos(\omega_V t + \varphi_V), \tag{16.29}$$

so daß sich also für U_2

$$U_2 = K \check{U}_1 \check{U}_V \cos \omega t \cos(\omega_V t + \varphi_V) = \\ = \frac{K}{2} \check{U}_1 \check{U}_V \{\cos[(\omega_V + \omega)t + \varphi_V] + \\ + \cos[(\omega_V - \omega)t + \varphi_V]\} \tag{16.30}$$

ergibt. Nehmen wir an, daß der Ausgang unbelastet ist ($I_3 = 0$), so folgt nach einer einfachen Zwischenrechnung (für die zweckmäßigerweise die komplexe Darstellung verwendet wird)

$$U_3 = \frac{K}{2} \check{U}_1 \check{U}_V \left\{\frac{\cos[(\omega_V + \omega)t + \varphi_V + \varphi_+]}{\sqrt{1 + (\omega_V + \omega)^2 R^2 C^2}} + \right. \\ \left. + \frac{\cos[(\omega_V - \omega)t + \varphi_V + \varphi_-]}{\sqrt{1 + (\omega_V - \omega)^2 R^2 C^2}}\right\} \tag{16.31}$$

mit

$$\varphi_\pm = \arctan\{-(\omega_V \pm \omega) RC\}. \tag{16.32}$$

Es ergeben sich also am Ausgang des „lock-in"-Verstärkers zwei Spannungen verschiedener Frequenz, Amplitude und Phase, so daß sich eine Spannungsverstärkung nicht ohne weiteres angeben läßt. Unter der Voraussetzung

$$\omega_V RC \gg 1 \tag{16.33}$$

kann aber die Spannung mit der Frequenz $\omega_V + \omega$ vernachlässigt werden, und wir erhalten für das Verhältnis des Maximalwertes von U_3 zu $\check{U}_1$

$$\frac{U_{3\,\max}}{\check{U}_1} = \frac{\frac{K}{2}\,\check{U}_V}{\sqrt{1 + (\omega_V - \omega)^2\,R^2\,C^2}}. \qquad (16.34)$$

Damit dieser Maximalwert auch bei $\omega = \omega_V$ erreicht wird, muß allerdings die Phase φ_V so eingeregelt werden, daß sie der Bedingung

$$\varphi_V = 2\pi n \quad \text{mit} \quad n = 0, \pm 1, \pm 2, \ldots \qquad (16.35)$$

genügt. Die Bandbreite B des „lock-in"-Verstärkers beträgt dann

$$B = \frac{1}{\pi R C} \qquad (16.36)$$

und läßt sich somit durch Vergrößern der Zeitkonstante RC beliebig klein machen.

Zur Herstellung einer geeigneten Phasenverschiebung [Gl. (16.35)] verwendet man dabei meist eine einfache Brückenschaltung, wie sie in Abb. 16.11 dargestellt ist,

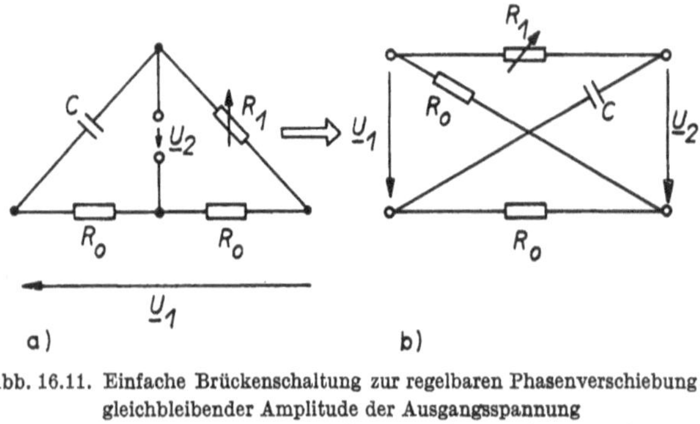

Abb. 16.11. Einfache Brückenschaltung zur regelbaren Phasenverschiebung bei gleichbleibender Amplitude der Ausgangsspannung
a) in der üblichen Darstellung; *b)* als Vierpol umgezeichnet

und bei der noch im allgemeinen vor den Eingang ein Transformator geschaltet wird, um gleichzeitig je einen Pol des Eingangs und des Ausgangs erden zu können. Im unbelasteten Zustand ($I_2 = 0$) gilt für diese Schaltung

$$\underline{U}_2 = \frac{\frac{1}{j\omega C}}{R_1 + \frac{1}{j\omega C}} \underline{U}_1 - \frac{1}{2} \underline{U}_1 \tag{16.37}$$

oder

$$\underline{U}_2 = \frac{\underline{U}_1}{2} \exp(j\alpha) \tag{16.38}$$

mit

$$\tan \alpha = \frac{2 R_1 \omega C}{(R_1 \omega C)^2 - 1}, \tag{16.39}$$

d. h., die Phase von $\underline{U}_2$ kann durch R_1 bei gleichbleibender Amplitude von 0 bis π geregelt werden.

17. Endverstärker

Im Gegensatz zu den bisher behandelten Anfangsstufen- oder Vorverstärkern, bei denen die Aussteuerung der Röhren so gering war, daß sie als lineare Vierpole angesehen werden können, treten bei den sogenannten End- oder Leistungsverstärkern die Nichtlinearitäten in Erscheinung. Das bedeutet, daß außer den linearen Verzerrungen der zu übertragenden Signale (infolge begrenzter Bandbreite) noch nichtlineare Verzerrungen hinzukommen, mit denen wir uns im folgenden beschäftigen wollen. Das Ziel ist hierbei, eine möglichst große Leistungsabgabe bei vorgegebener maximal zulässiger Verzerrung zu erreichen, wobei die Gesamtverstärkung eine geringere

Rolle spielt, da sie im wesentlichen von den Vorverstärkern übernommen werden kann.

Legen wir beispielsweise an das Gitter der in Abb. 17.1 dargestellten einfachen Verstärkerschaltung eine sinusförmige Wechselspannung

$$U_g = \check{U}_1 \cos \omega t, \tag{17.1}$$

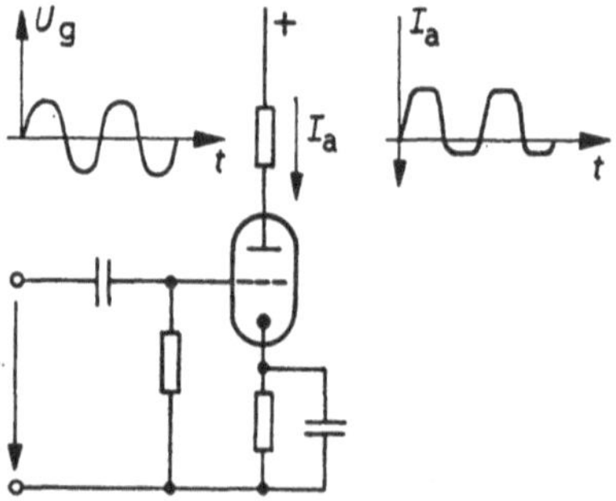

Abb. 17.1. Zur Erläuterung der nichtlinearen Verzerrungen in einer einfachen Verstärkerschaltung

so entsteht durch die Nichtlinearitäten kein sinusförmiger, sondern ein verzerrter Anodenstrom, der nach FOURIER in die Grundwelle, den Gleichstromanteil und entsprechend viele Oberwellen zerlegt werden kann:

$$I_a = \bar{I}_a + \check{I}_1 \cos(\omega t + \varphi_1) + \check{I}_2 \cos(2\omega t + \varphi_2) + \cdots. \tag{17.2}$$

Als Ursachen für die Verzerrungen kommen in Frage:

1. die rapide Abnahme des Eingangswiderstandes der Röhre bei Aussteuerungen in das Gitterstromgebiet (Gitterstromverzerrungen),
2. die Krümmung der Anodenstrom-Gitterspannungs-Kennlinie (Steilheits- oder Anodenstromverzerrungen) und

3. die sogenannten Durchgriffs- oder Anodenspannungsverzerrungen, die auf der Spannungsabhängigkeit des Durchgriffs beruhen und über die Anodenspannung den Anodenstrom beeinflussen (aus diesem Grunde sind sie bei kleinen Außenwiderständen und bei Pentoden im allgemeinen zu vernachlässigen).

Als Maß der Verzerrungen führt man den sogenannten Gesamtklirrfaktor

$$k = \sqrt{\frac{\check{I}_2^2 + \check{I}_3^2 + \cdots}{\check{I}_1^2 + \check{I}_2^2 + \check{I}_3^2 + \cdots}} \tag{17.3}$$

und die Teilklirrfaktoren

$$k_n = \frac{\check{I}_n}{\sqrt{\check{I}_1^2 + \check{I}_2^2 + \cdots}} \tag{17.4}$$

ein, so daß

$$k = \sqrt{k_2^2 + k_3^2 + \cdots} \tag{17.5}$$

gilt. Die Messung dieser verschiedenen Klirrfaktoren ist in jedem Falle mit einem geeigneten Selektivverstärker regelbarer Frequenz möglich. Zur Bestimmung des Gesamtklirrfaktors genügt jedoch schon eine relativ einfache Brückenschaltung (Abb. 17.2) in Verbindung mit einem Effektivwerte anzeigenden Röhrenvoltmeter. Unter der Voraussetzung, daß der Eingangswiderstand des Röhrenvoltmeters und der Wechselstromwiderstand des Serien-

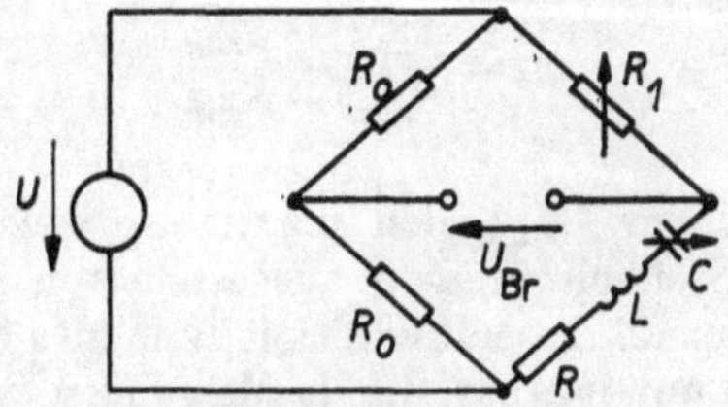

Abb. 17.2. Klirrfaktormeßbrücke

resonanzkreises der Brücke für alle Oberwellen groß gegen R_1 ist, zeigt das Röhrenvoltmeter bei Abstimmung der Brücke ($\omega L = 1/\omega C$, $R_1 = R$) die Spannung

$$U_{Br} = \frac{1}{2} \sqrt{\frac{\check{U}_2^2}{2} + \frac{\check{U}_3^2}{2} + \cdots} \tag{17.6}$$

an. Mißt man außerdem den Effektivwert der an der Brücke anliegenden Spannung

$$U = \sqrt{\frac{\check{U}_1^2}{2} + \frac{\check{U}_2^2}{2} + \frac{\check{U}_3^2}{2} + \cdots}, \tag{17.7}$$

so ergibt sich für den Gesamtklirrfaktor

$$k = \frac{2\,U_{Br}}{U}. \tag{17.8}$$

Außer den Klirrfaktoren wird oft noch ein zweites Maß für die Verzerrungen, und zwar der sogenannte Modulationsfaktor m, verwendet:

Legen wir an das Gitter einer Röhre die zu verstärkende Wechselspannung, so wandert der Arbeitspunkt auf der I_a-U_g-Kennlinie gemäß dieser Spannung hin und her. Dabei ändert sich auch die momentane Steilheit der Röhre periodisch, und man definiert

$$m = \frac{S_{max} - S_{min}}{S_{max} + S_{min}}, \tag{17.9}$$

wobei S_{max} bzw. S_{min} den maximalen bzw. minimalen Wert der Steilheit in dem ausgesteuerten Bereich bezeichnet. Gemäß dieser Definition kann also der Modulationsfaktor unmittelbar durch Messungen der Steilheit bestimmt werden.

Zur Berechnung des Klirrfaktors und des Modulationsfaktors aus der Form der Kennlinie betrachten wir zunächst den einfachen Fall, daß die Anodenwechselspannung keinen Einfluß auf den Anodenstrom besitzt. Dies ist gleichbedeutend mit der Forderung, daß der Innenwiderstand R_i der Röhre groß gegen den Außenwiderstand R_a sein muß, was bei Pentoden stets erfüllt ist. Für die Reihenentwicklung des Anodenstromes I_a an der Stelle $\bar{I}_{a0}$ ergibt sich

$$I_a = \bar{I}_{a0} + S\,U_g + \frac{1}{2}\,T\,U_g^2 + \ldots, \qquad (17.10)$$

wobei die üblichen Bezeichnungen für die Steilheit (S) und die Krümmung (T),

$$S = \left(\frac{\partial I_a}{\partial U_g}\right)_{U_a}, \quad T = \left(\frac{\partial^2 I_a}{\partial U_g^2}\right)_{U_a}, \qquad (17.11)$$

verwendet wurden. Bei sinusförmiger Gitterwechselspannung

$$U_g = \check{U}_g \cos \omega t \qquad (17.12)$$

und Vernachlässigung von Termen höherer als zweiter Ordnung folgt damit

$$I_a = \underbrace{\bar{I}_{a0} + \frac{1}{4}\,T\,\check{U}_g^2}_{\text{Gleichstrom}} + \underbrace{S\,\check{U}_g \cos \omega t}_{\substack{\text{gewünschte}\\ \text{Grundwelle}}} + \underbrace{\frac{1}{4}\,T\,\check{U}_g^2 \cos 2\omega t}_{\text{1. Oberwelle}}, \qquad (17.13)$$

und wir erkennen, daß sich der Gleichstrom gegenüber dem Ruhestrom I_{a0} um

$$\Delta \bar{I}_a = \frac{1}{4}\,T\,\check{U}_g^2 \qquad (17.14)$$

erhöht (Gleichrichterwirkung), daß sich die Amplitude der Grundwelle zu

$$\check{I}_1 = S\,\check{U}_g \tag{17.15}$$

ergibt und daß eine Oberwelle der Frequenz 2ω entsteht, deren Amplitude

$$\check{I}_2 = \frac{1}{4}\,T\,\check{U}_g^2 \tag{17.16}$$

beträgt. Für den Klirrfaktor [vgl. Gl. (17.13)] erhalten wir also

$$k = \frac{\check{I}_2}{\sqrt{\check{I}_1^2 + \check{I}_2^2}} = \frac{1}{4}\,\frac{T}{S}\,\check{U}_g \left[1 + \left(\frac{1}{4}\,\frac{T}{S}\,\check{U}_g\right)^2\right]^{-1/2} \tag{17.17}$$

oder näherungsweise $(k \ll 1)$

$$k = \frac{1}{4}\,\frac{T}{S}\,\check{U}_g\,. \tag{17.18}$$

Da die Steilheit S als partielle Ableitung des Anodenstromes nach der Gitterspannung im jeweiligen Arbeitspunkt definiert ist, ergibt sich aus Gl. (17.10) für die Steilheit

$$S(t) = \left(\frac{\partial I_a}{\partial U_g}\right)_{U_a} = S + T\,U_g(t) \tag{17.19}$$

oder mit Gl. (17.12) für die maximale bzw. minimale Steilheit im Aussteuerbereich

$$S_{\substack{\max\\ \min}} = S \pm T\,\check{U}_g\,. \tag{17.20}$$

Daraus folgt für den Modulationsfaktor m [vgl. Gl. (17.9)]

$$m = \frac{T\,U_g}{S} = 4\,k\,. \tag{17.21}$$

Unter den angegebenen Voraussetzungen ist also der Modulationsfaktor gleich dem vierfachen Klirrfaktor.

Um die Größen T und S als Funktion der Betriebsspannungen berechnen zu können, nähern wir die Abhängigkeit des Anodengleichstromes $\bar{I}_{a0}$ von der Gittergleichspannung $\bar{U}_g$ durch die Funktion

$$I_{a0} = K_1(\bar{U}_g + K_2)^{\gamma} \tag{17.22}$$

an, wobei K_1, K_2 und γ Konstanten sind, die irgendwie von der Anoden- und Schirmgittergleichspannung abhängen können und die so bestimmt werden, daß die gemessene Kennlinie mit Gl. (17.22) möglichst gut übereinstimmt. γ ist dabei im Raumladungsgebiet für Trioden und Pentoden etwa gleich $^3/_2$ und nur am Anfang der Kennlinie, wo sich die Abweichungen von der idealen Triode besonders bemerkbar machen (Inselbildung), etwas größer, und zwar ungefähr gleich 2. Aus den Definitionen [vgl. Gl. (17.11)] ergibt sich also

$$S = \gamma K_1(\bar{U}_g + K_2)^{\gamma-1} = \gamma \frac{\bar{I}_{a0}}{\bar{U}_g + K_2} \tag{17.23}$$

und

$$T = \gamma(\gamma - 1)\, K_1(\bar{U}_g + K_2)^{\gamma-2} = \gamma(\gamma - 1) \frac{\bar{I}_{a0}}{(\bar{U}_g + K_2)^2} \tag{17.24}$$

oder für den Klirrfaktor nach Gl. (17.18)

$$k = \frac{1}{4} \frac{\gamma - 1}{(\bar{U}_g + K_2)} \check{U}_g. \tag{17.25}$$

Ersetzen wir noch $\check{U}_g$ nach Gl. (17.15) unter Beachtung von Gl. (17.23), so folgt schließlich

$$k = \frac{1}{4} \frac{\gamma - 1}{\gamma} \frac{\check{I}_1}{\bar{I}_{a0}} = \frac{1}{4} \frac{\gamma - 1}{\gamma} J, \tag{17.26}$$

wobei die sogenannte Stromaussteuerung

$$J = \frac{\check{I}_1}{\bar{I}_{a0}} \tag{17.27}$$

eingeführt wurde. Da J das Verhältnis der Amplitude der *Grundwelle* ($\check{I}_1$) zum Anodenruhestrom ($\bar{I}_{a0}$) darstellt, kann J durchaus auch Werte größer als 1 annehmen.

Bei Trioden ist der Anodenstrom I_a im allgemeinen auch eine Funktion der Anodenspannung, so daß eine Reihenentwicklung an der Stelle $\bar{I}_{a0}$ sowohl nach der Gitter- als auch nach der Anodenspannung erfolgen müßte. Da wir aber bei Trioden in guter Näherung den Anodenstrom als eine Funktion der Steuerspannung U_{St} darstellen können, dürfen wir I_a an der Stelle $\bar{I}_{a0}$ nach der Steuerspannung entwickeln und erhalten

$$I_a = \bar{I}_{a0} + \frac{\mathrm{d}I_a}{\mathrm{d}U_{St}} U_{St} + \frac{1}{2} \frac{\mathrm{d}^2 I_a}{\mathrm{d}U_{St}^2} U_{St}^2 + \cdots, \tag{17.28}$$

woraus unter Beachtung von

$$\frac{\mathrm{d}I_a}{\mathrm{d}U_{St}} = \left(\frac{\partial I_a}{\partial U_g}\right)_{U_a} = S, \qquad \frac{\mathrm{d}^2 I_a}{\mathrm{d}U_{St}^2} = \left(\frac{\partial^2 I_a}{\partial U_g^2}\right)_{U_a} = T \tag{17.29}$$

folgt

$$I_a = \bar{I}_{a0} + S(U_g + D\,U_a) + \frac{1}{2} T(U_g + D\,U_a)^2 + \cdots. \tag{17.30}$$

Für eine Gitterwechselspannung gemäß Gl. (17.12) machen wir den Ansatz

$$I_a = \bar{I}_a + \sum_{n=1}^{\infty} \check{I}_n \cos n\omega t, \tag{17.31}$$

d. h. bei einem ohmschen Außenwiderstand R_a gilt

$$U_a = -R_a \sum_{n=1}^{\infty} \check{I}_n \cos n\omega t, \tag{17.32}$$

und wir erhalten damit

$$\bar{I}_a + \sum \check{I}_n \cos n\omega t = \bar{I}_{a0} + \\ + S(\check{U}_g \cos \omega t - D \sum_n R_a \check{I}_n \cos n\omega t) + \\ + \frac{1}{2} T \left(\check{U}_g \cos \omega t - D \sum_n R_a \check{I}_n \cos n\omega t\right)^2 + \cdots. \tag{17.33}$$

Zur näherungsweisen Lösung dieser Gleichung nehmen wir an, daß die Terme der Reihenentwicklung (17.28) mit wachsender Potenz immer kleiner werden und daß andererseits auch die Amplituden der Oberwellen mit n abnehmen.

Als nullte Näherung von Gl. (17.33) ergibt sich also

$$\bar{I}_a = \bar{I}_{a0}, \tag{17.34}$$

als erste Näherung

$$\bar{I}_a + \check{I}_1 \cos \omega t = \bar{I}_{a0} + S(\check{U}_g \cos \omega t - D R_a \check{I}_1 \cos \omega t), \tag{17.35}$$

als zweite Näherung

$$\bar{I}_a + \check{I}_1 \cos \omega t + \check{I}_2 \cos 2\omega t = \bar{I}_{a0} + \\ + S(\check{U}_g \cos \omega t - D R_a \check{I}_1 \cos \omega t - D R_a \check{I}_2 \cos 2\omega t) + \\ + \frac{1}{2} T(\check{U}_g \cos \omega t - D R_a \check{I}_1 \cos \omega t)^2 \tag{17.36}$$

usw. Wir begnügen uns hier mit der zweiten Näherung und ersetzen zunächst auf der rechten Seite $\cos^2 \omega t$ durch $^1/_2 (1 + \cos 2\,\omega t)$. Dann ergibt der Koeffizientenvergleich

$$\left.\begin{aligned} \bar{I}_a &= \bar{I}_{a0} + \frac{1}{4} T (\check{U}_g - D R_a \check{I}_1)^2, \\ \check{I}_1 &= S(\check{U}_g - D R_a \check{I}_1), \\ \check{I}_2 &= -S D R_a \check{I}_2 + \frac{1}{4} T (\check{U}_g - D R_a \check{I}_1)^2 \end{aligned}\right\} \tag{17.37}$$

oder

$$\check{I}_1 = \frac{S\check{U}_g}{1 + SDR_a}, \tag{17.38}$$

$$\check{I}_2 = \frac{1}{4}\check{U}_g^2 T \left(\frac{1}{1 + SDR_a}\right)^3, \tag{17.39}$$

$$\bar{I}_a = \bar{I}_{a0} + \frac{1}{4}\check{U}_g^2 T \left(\frac{1}{1 + SDR_a}\right)^2. \tag{17.40}$$

Für den Klirrfaktor erhalten wir daraus näherungsweise

$$k = \frac{\check{I}_2}{\sqrt{\check{I}_1^2 + \check{I}_2^2}} \approx \frac{\check{I}_2}{\check{I}_1} = \frac{1}{4}\frac{T}{S}\frac{\check{U}_g}{(1 + SDR_a)^2} \tag{17.41}$$

oder, wenn wir noch $\check{U}_g$ gemäß Gl. (17.38) ersetzen,

$$k = \frac{1}{4}\frac{T}{S^2}\frac{\check{I}_1}{1 + SDR_a}. \tag{17.42}$$

Aus dieser Gleichung erkennt man, daß der Klirrfaktor

1. mit der Krümmung (T) der Kennlinie wächst und mit dem Quadrat der Steilheit abnimmt,
2. proportional $\check{I}_1$, d. h. der Aussteuerung, ist und
3. durch den Einfluß der Anodenrückwirkung [Faktor $(1 + SDR_a)^{-1}$] herabgesetzt wird.

Infolge der letztgenannten Abhängigkeit besitzt also eine Triode im Vergleich zu einer Pentode bei gleicher Steilheit und gleichem Außenwiderstand einen geringeren Klirrfaktor. Dies gilt natürlich nur, sofern der Durchgriff D selbst konstant ist, da andernfalls noch die Durchgriffsverzerrungen hinzukommen und den Gesamtklirrfaktor wieder erhöhen [B 2].

Eine Möglichkeit, bei Pentoden den Klirrfaktor in gleicher Weise wie bei Trioden zu verringern, bietet die

Gegenkopplung. Beispielsweise gilt für die Schaltung nach Abb. 15.7 (S. 47)

$$\left.\begin{aligned} \underline{I}_a &= S\,\underline{U}_g, \\ \underline{U}_1 &= \underline{U}_g + \underline{I}_1 \underline{Z}_1, \\ \underline{I}_1 &= -\left(\frac{\underline{U}_2 - \underline{U}_1}{\underline{Z}_1 + \underline{Z}_2}\right) \end{aligned}\right\} \tag{17.43}$$

oder, wenn wir nach $\underline{I}_a$ auflösen,

$$\underline{I}_a = S\,\frac{\underline{Z}_2}{\underline{Z}_1 + \underline{Z}_2}\left(\underline{U}_1 + \frac{\underline{Z}_1}{\underline{Z}_2}\,\underline{U}_2\right), \tag{17.44}$$

woraus man erkennt, daß sich diese Pentodenschaltung wie eine Triode mit dem Durchgriff

$$D_{eff} = \frac{\underline{Z}_1}{\underline{Z}_2} \tag{17.45}$$

und der Steilheit

$$S_{eff} = S\,\frac{\underline{Z}_2}{\underline{Z}_1 + \underline{Z}_2} \tag{17.46}$$

verhält. Da Pentoden außerdem eine geringere Anodenrestspannung besitzen, was für eine große Leistungsabgabe wichtig ist (s. unten), werden sie auch bei Endverstärkern den Trioden vorgezogen.

Wir wenden uns nun einem praktischen Problem zu, und zwar der Aufgabe, für eine vorgegebene Röhre und eine vorgegebene Speisespannung $\overline{U}_B$ (Spannung des Netzgerätes) die Betriebsbedingungen zu finden, für die die größtmögliche Wechselstromleistung P_{1max} abgegeben wird, ohne daß der Klirrfaktor k einen vorgeschriebenen Wert (für Musik $k < 5\%$) überschreitet. Insbesondere fragen wir dabei nach der erforderlichen Größe des Außenwiderstandes R_a und der Amplitude der Gitterwechselspannung $\check{U}_g$, die ja in beliebiger Größe vom Vorverstärker geliefert werden kann.

Wir nehmen der Einfachheit halber an, daß der Außenwiderstand R_a phasenrein sei und den Gleichstromwiderstand Null (Transformatorkopplung!) besitze. Bezeichnen wir mit $\check{I}_1$ bzw. $\check{U}_1$ die Amplitude der Grundwelle des Anodenstromes bzw. der Anodenspannung, so soll also

$$P_1 = \frac{1}{2}\,\check{I}_1\check{U}_1 = \frac{1}{2}\,\check{I}_1^2 R_a = \frac{1}{2}\,\frac{\check{U}_1^2}{R_a} \tag{17.47}$$

bei vorgegebenem k und $\overline{U}_B$ ein Maximum werden. Nennen wir ferner $\overline{U}_g$ die Gittervorspannung ($\overline{U}_g < 0$), so ist der größte Wert, den die Gitterspannung während einer Periode annimmt, $\overline{U}_g + \check{U}_g$, und es muß

$$\overline{U}_g + \check{U}_g \leqq -1\ \mathrm{V} \tag{17.48}$$

sein, damit keine Gitterstromverzerrungen zustande kommen. Zum gleichen Zeitpunkt, in dem die Gitterspannung $\overline{U}_g + \check{U}_g$ beträgt, nimmt der Anodenstrom ebenfalls seinen größten Wert (Spitzenstrom)

$$I_{sp} = \overline{I}_{a0} + \check{I}_1 \tag{17.49}$$

und die Anodenspannung ihren kleinsten Wert (Anodenrestspannung)

$$U_r = \overline{U}_B - \check{U}_1 \tag{17.50}$$

an. Ersetzen wir[1]) $\overline{I}_{a0}$ in Gl. (17.49) gemäß Gl. (17.26), so folgt

$$\check{I}_1 = I_{sp}\left(1 + \frac{\gamma - 1}{4\gamma k}\right)^{-1} \tag{17.51}$$

---

[1]) Damit gilt die Behandlung streng nur für Pentoden. Bei Trioden oder gegengekoppelten Pentoden muß Gl. (17.42) verwendet werden, wodurch die Berechnung weniger übersichtlich wird.

oder, wenn wir dies und $\check{U}_1$ nach Gl. (17.50) in die Beziehung (17.47) einsetzen,

$$P_1 = \frac{1}{2}\left(1 + \frac{\gamma - 1}{4\gamma k}\right)^{-1} I_{sp}\,(\overline{U}_B - U_r)\,. \quad (17.52)$$

Zur Erzielung eines maximalen P_1 muß also I_{sp} bei gegebenem U_r möglichst groß sein. Da aber der Zusammenhang zwischen I_{sp} und U_r durch die gewöhnliche Anodenstrom-Anodenspannungs-Kennlinie für die Gitterspannung $\overline{U}_g + \check{U}_g$ gegeben wird, muß diese Gitterspannung so groß wie möglich, d. h. wegen Gl. (17.48)

$$\overline{U}_g + \check{U}_g = -1\,\mathrm{V} \quad (17.53)$$

gewählt werden. Aus diesem Grunde bezeichnet man die I_a-U_a-Kennlinie für die Gitterspannung -1 V als Restspannungskennlinie der betreffenden Röhre. In Abb. 17.3 sind die Kennlinienfelder einer Triode und einer Pentode qualitativ dargestellt, wobei die Restspannungskennlinien fett gezeichnet wurden. Man erkennt, daß die

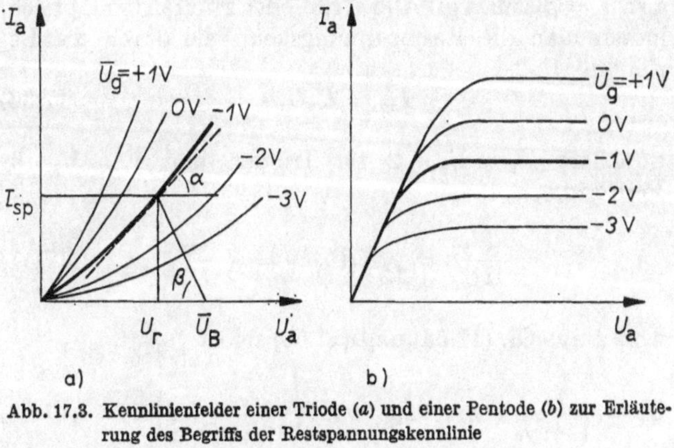

Abb. 17.3. Kennlinienfelder einer Triode (*a*) und einer Pentode (*b*) zur Erläuterung des Begriffs der Restspannungskennlinie

Restspannungskennlinie der Pentode steiler verläuft als die der Triode, weshalb man Pentoden bevorzugt als Endröhren einsetzt [großes I_{sp} bei kleinem U_r, vgl. Gl. (17.52)]. In jedem Fall wächst jedoch I_{sp} mit U_r an, so daß sich bei gegebener Röhre für P_1 ein Maximum ergeben muß, das durch die Bedingung

$$\frac{\mathrm{d}P_1}{\mathrm{d}I_{sp}} = 0, \tag{17.54}$$

also [vgl. Gl. (17.52)]

$$\frac{\overline{U}_B - U_r}{I_{sp}} = \frac{\mathrm{d}U_r}{\mathrm{d}I_{sp}} \tag{17.55}$$

bestimmt ist. Die aus dieser Bedingung folgenden optimalen Werte für die Anodenrestspannung und den Anodenspitzenstrom lassen sich auf zwei Arten leicht bestimmen: erstens durch eine einfache graphische Konstruktion unter Verwendung der experimentell bestimmten Restspannungskennlinie (die Steigung dieser Kennlinie $\mathrm{d}I_{sp}/\mathrm{d}U_r = \tan\alpha$ muß in dem betreffenden Punkt gleich dem Quotienten $I_{sp}/(\overline{U}_B - \overline{U}_r) = \tan\beta$, also $\alpha = \beta$ sein, vgl. Abb. 17.3) oder zweitens analytisch, indem man die Restspannungskennlinie durch die Beziehung

$$I_{sp} = K_r U_r^{\gamma_r} \tag{17.56}$$

annähert ($\gamma_r \approx {}^3/_2 \ldots 2$ für Trioden und $\gamma_r \approx {}^2/_3$ für Pentoden), d. h.

$$\frac{\mathrm{d}I_{sp}}{\mathrm{d}U_r} = \gamma_r K_r U_r^{\gamma_r - 1} = \gamma_r \frac{I_{sp}}{U_r}, \tag{17.57}$$

womit aus Gl. (17.55) und (17.56) sofort

$$U_r = \frac{\gamma_r}{1 + \gamma_r} \overline{U}_B, \qquad I_{sp} = K_r \left(\frac{\gamma_r}{1 + \gamma_r} \overline{U}_B\right)^{\gamma_r} \tag{17.58}$$

folgt. Hat man also auf eine dieser beiden Arten die Optimalwerte von U_r und I_{sp} ermittelt, so erhält man mit Gl. (17.52) unmittelbar die gesuchte maximale Wechselstromleistung $P_{1\max}$ und auf Grund der Beziehung (17.47) den optimalen Außenwiderstand

$$R_a^{(\mathrm{opt})} = \frac{\check{U}_1^2}{2P_{1\max}}, \tag{17.59}$$

wobei $\check{U}_1$ gemäß Gl. (17.50) mit dem optimalen U_r einzusetzen ist. Die optimale Gittervorspannung $\bar{U}_g$ ergibt sich aus dem Kennlinienfeld mit der Bedingung, daß für $U_a = \bar{U}_B$ der Anodenstrom gleich dem Ruhestrom $\bar{I}_{a0}$ sein muß, also [vgl. die Gln. (17.26) und (17.47)]

$$\bar{I}_a = \bar{I}_{a0} = \frac{\gamma - 1}{4k\gamma}\,\check{I}_1 = \frac{\gamma - 1}{4k\gamma}\sqrt{\frac{2P_{1\max}}{R_a^{(\mathrm{opt})}}}, \tag{17.60}$$

und damit folgt die vom Vorverstärker aufzubringende Wechselspannungsamplitude $\check{U}_g$ leicht aus Gl. (17.53).

Insbesondere bei höheren Speisespannungen $\bar{U}_B$ ergibt sich im allgemeinen für den auf diese Weise bestimmten Anodengleichstrom $\bar{I}_{a0}$ ein so großer Wert, daß die maximal zulässige Anodenverlustleistung $P_{V\max}$ der Röhre (die in den Röhrendaten angegeben ist) überschritten wird, und es muß ein anderer Weg zur optimalen Dimensionierung beschritten werden: Aus Abb. 17.4

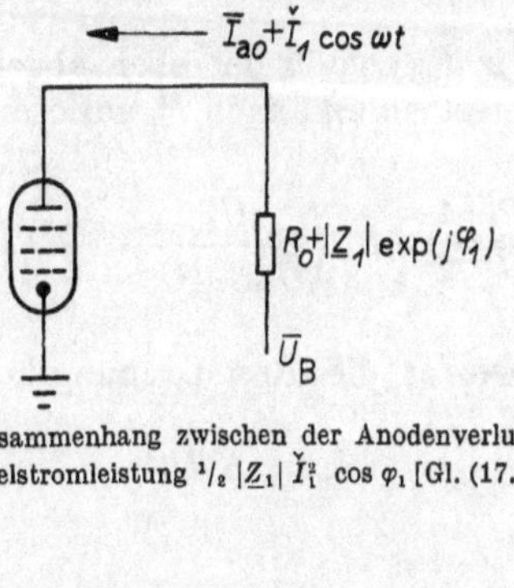

Abb. 17.4. Zum Zusammenhang zwischen der Anodenverlustleistung und der Wechselstromleistung $\frac{1}{2}\,|\underline{Z}_1|\,\check{I}_1^2 \cos\varphi_1$ [Gl. (17.62)]

leitet man zunächst für die Anodenverlustleistung P_V die Beziehung

$$P_V =$$
$$= \overline{(\bar{I}_{a0} + \check{I}_1 \cos \omega t)\,(\bar{U}_B - R_0 \bar{I}_{a0} - |\underline{Z}_1|\, \check{I}_1 \cos(\omega t + \varphi_1))} \tag{17.61}$$

ab, wobei R_0 den Gleichstromanteil und $|\underline{Z}_1| \exp(j\varphi_1)$ den Wechselstromanteil des Außenwiderstandes für die Frequenz ω bezeichnet. Nach Durchführung der Mittelwertbildung ergibt sich daraus

$$P_V = \bar{I}_{a0}\, \bar{U}_B - R_0 \bar{I}_{a0}^2 - \frac{1}{2} |\underline{Z}_1|\, \check{I}_1^2 \cos \varphi_1 =$$
$$= \bar{I}_{a0} \bar{U}_B - R_0\, \bar{I}_{a0}^2 - P_1 \tag{17.62}$$

oder in unserem Spezialfall ($R_0 = 0$, $|\underline{Z}_1| = R_a, \varphi_1 = 0$)

$$P_V = \bar{U}_B \bar{I}_{a0} - \frac{1}{2} R_a \check{I}_1^2 = \bar{U}_B \bar{I}_{a0} - P_1 . \tag{17.63}$$

Ersetzen wir in Gl. (17.47) $\check{I}_1$ nach Gl. (17.27) und $\check{U}_1$ nach Gl. (17.50), so folgt zunächst

$$P_1 = \frac{1}{2} J \bar{I}_{a0} (\bar{U}_B - U_r) \tag{17.64}$$

oder, wenn wir $\bar{I}_{a0}$ gemäß der eben abgeleiteten Beziehung (17.63) ersetzen und nach P_1 auflösen,

$$P_1 = \frac{1}{2} J P_V \left(\frac{\bar{U}_B}{\bar{U}_B - U_r} - \frac{1}{2} J \right)^{-1} . \tag{17.65}$$

Nähern wir wieder die Restspannungskennlinie durch die Funktion

$$I_{sp} = K_r U_r^{\gamma_r} \tag{17.66}$$

an und beachten die Beziehung (17.49), in der wir $\check{I}_1$ durch $\bar{I}_{a0}J$ ersetzen:

$$I_{sp} = \bar{I}_{a0}(1 + J), \tag{17.67}$$

so erhalten wir durch Gleichsetzen und unter Berücksichtigung von Gl. (17.63)

$$U_r = \left(\frac{P_V + P_1}{\bar{U}_B K_r}(1 + J)\right)^{1/\gamma_r} \tag{17.68}$$

Da die Stromaussteuerung J durch den vorgegebenen Klirrfaktor und die Röhrenkennlinie bestimmt ist [Gl. (17.26)], können wir aus den beiden Gleichungen (17.65) und (17.68) sowohl P_1 als auch U_r als Funktion der Anodenverlustleistung P_V berechnen. Eine strenge Lösung ist jedoch nicht möglich, und man wird approximieren, indem man zunächst in Gl. (17.68) $P_1 = 0$ annimmt, das zugehörige U_r in Gl. (17.65) einsetzt, daraus ein P_1 erhält, das, in Gl. (17.68) eingesetzt, eine neues U_r liefert usw. Die auf diese Weise gefundene Wechselstromleistung P_1 wächst mit P_V an, solange $\bar{U}_B$ noch genügend groß gegen U_r bleibt [vgl. Gl. (17.65)], und man erhält die größte Wechselstromleistung für die maximal zulässige Anodenverlustleistung[1])

$$P_V = P_{V\,max}. \tag{17.69}$$

Damit sind also $P_{1\,max}$ und $U_{r\,opt}$ bestimmt, und man errechnet leicht den optimalen Außenwiderstand aus der Beziehung

$$R_{a\,opt} = \frac{\check{U}_{1\,opt}^2}{2P_{1\,max}} = \frac{(\bar{U}_B - U_{r\,opt})^2}{2P_{1\,max}} \tag{17.70}$$

---

[1]) Bei kleinen Speisespannungen $\bar{U}_B$ nimmt P_1 dagegen schon vor Erreichen dieser Grenze wieder ab, d. h., es liegt der vorher besprochene Fall vor.

[vgl. die Gln. (17.47) und (17.50)]. Die erforderliche Gitterspannung schließlich ergibt sich aus dem Kennlinienfeld mit der Bedingung

$$\bar{I}_a = \bar{I}_{a0} = \frac{P_{V\,max} + P_{1\,max}}{\bar{\bar{U}}_B} \tag{17.71}$$

[vgl. Gl. (17.63)].

Zum Abschluß dieses Abschnittes betrachten wir noch die sogenannte Gegentaktschaltung (vgl. Abb. 17.5),

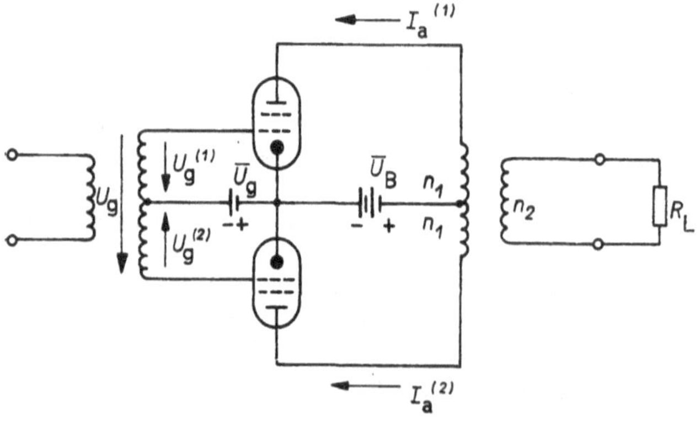

Abb. 17.5. Gegentaktschaltung

bei der zwei gleiche Röhren gleichstrommäßig parallel, wechselstrommäßig jedoch in Reihe geschaltet sind. R_L bezeichnet den Verbraucherwiderstand und $2n_1$ bzw. n_2 die Windungszahlen des Ausgangsübertragers, deren Verhältnis sich aus der Bedingung

$$R_a^{(opt)} = \frac{1}{2}\left(\frac{2n_1}{n_2}\right)^2 R_L \tag{17.72}$$

ergibt, wenn $R_a^{(opt)}$ der nach den vorhergegangenen Betrachtungen berechnete optimale Außenwiderstand für eine Röhre ist. Gilt für die Fourier-Entwicklung des

Anodenstromes der ersten Röhre

$$I_a^{(1)} = \bar{I}_{a0} + \check{I}_1 \cos \omega t + \check{I}_2 \cos 2\omega t + \check{I}_3 \cos 3\omega t + \cdots, \tag{17.73}$$

so muß für die zweite Röhre

$$I_a^{(2)} = \bar{I}_{a0} - \check{I}_1 \cos \omega t + \check{I}_2 \cos 2\omega t - \check{I}_3 \cos 3\omega t + \cdots \tag{17.74}$$

sein, da alle Parameter der Schaltungen gleich sind bis auf die Phase der Gitterwechselspannung:

$$\left.\begin{aligned} U_g^{(1)} &= \frac{\check{U}_g}{2} \cos \omega t, \\ U_g^{(2)} &= -\frac{\check{U}_g}{2} \cos \omega t = \frac{\check{U}_g}{2} \cos(\omega t + \pi). \end{aligned}\right\} \tag{17.75}$$

Auf der Sekundärseite des Ausgangstransformators ist die Differenz

$$I_a^{(1)} - I_a^{(2)} = 2\check{I}_1 \cos \omega t + 2\check{I}_3 \cos 3\omega t + \cdots \tag{17.76}$$

der Ströme wirksam, woraus wir erkennen, daß bei der Gegentaktschaltung alle geradzahligen Oberwellen wegfallen und damit bei quadratischer Kennlinie der Klirrfaktor überhaupt Null wird [Gl. (17.13)ff.].

18. Sendeverstärker

Während beim Vorverstärker das Hauptanliegen eine möglichst hohe Spannungsverstärkung ist und die Fragen der Leistung und Verzerrungen (wegen der geringen Wechselspannungsamplituden) nur von untergeordneter Bedeutung sind, spielt beim Endverstärker die Frage nach einer möglichst großen Leistungsabgabe bei vorgeschriebener maximal zulässiger Verzerrung die entscheidende Rolle. Beim Sendeverstärker schließlich kommt es nur auf eine möglichst große Leistungsabgabe unabhängig von den auftretenden Verzerrungen an, da hier nur eine Frequenz verstärkt werden soll. Dies folgt leicht aus der Tatsache, daß beim Sendeverstärker als Arbeitswiderstand der Röhre ein Schwingkreis dient, der auf die betreffende Frequenz abgestimmt ist, so daß die Oberwellen des Anodenstromes nur Anodenwechselspannungen geringer Amplitude erzeugen können, weil der Widerstand des Kreises außerhalb der Resonanz sehr klein ist. Damit folgt der für Sendeverstärker wichtige Satz: *Die Anodenspannung verläuft auch bei einem stark verzerrten Anodenstrom praktisch sinusförmig.*

Da es auf Verzerrungen also nicht ankommt, ist ein positives Gitter mit einsetzendem Gitterstrom zulässig, und es besteht auch keine Notwendigkeit mehr, Pentoden einzusetzen (die beim Endverstärker wegen der im Verhältnis zu Trioden steileren Restspannungskennlinie bevorzugt verwendet werden, vgl. Abb. 17.3, S. 83). Die starken Verzerrungen des Anodenstromes geben andererseits aber die Möglichkeit, eine Frequenzvervielfachung durchzuführen, indem man den Schwingkreis

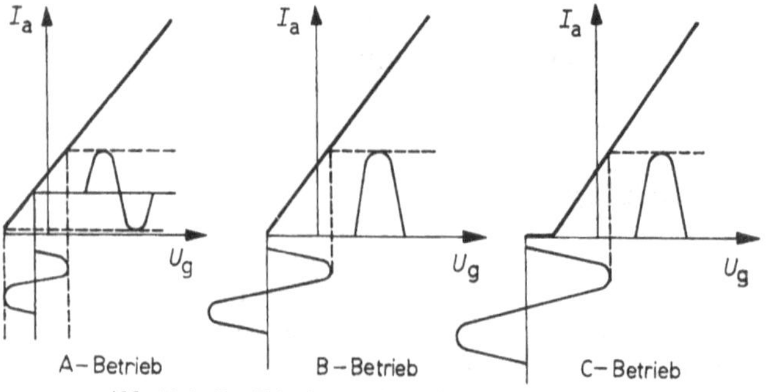

Abb. 18.1. Zur Erläuterung der Betriebsarten *A*, *B* und *C*

nicht auf die Grundwelle, sondern auf die betreffende Oberwelle abstimmt.

Man unterscheidet nun prinzipiell zwischen drei Betriebsarten (vgl. Abb. 18.1), die sich durch die Lage des Arbeitspunktes unterscheiden.

Beim A-Betrieb fließt in jedem Zeitpunkt ein Anodenstrom, der Arbeitspunkt befindet sich also genügend weit rechts auf der I_a-U_g-Kennlinie. Beim B-Betrieb dagegen liegt der Arbeitspunkt im unteren Knick der Kennlinie, und es fließt nur während der positiven Halbwellen ein Strom, und beim C-Betrieb schließlich befindet sich der Arbeitspunkt links vom unteren Knickpunkt, so daß nur in der Zeit, während der die Gitterspannung die größten Werte annimmt, ein Anodenstrom fließt. Führen wir den sogenannten Stromflußwinkel Θ durch die Beziehung

$$\Theta = \frac{1}{2}\,\omega\,\Delta t \tag{18.1}$$

ein, wobei Δt die Zeit während einer Periode ist, in der ein Anodenstrom fließt (vgl. z. B. Abb. 18.2), so gilt für die drei Betriebsarten

$$\left.\begin{aligned} &A\text{-Betrieb:} \quad \Theta = \pi,\\ &B\text{-Betrieb:} \quad \Theta = \frac{\pi}{2},\\ &C\text{-Betrieb:} \quad \Theta < \frac{\pi}{2}. \end{aligned}\right\} \tag{18.2}$$

Für die weiteren Betrachtungen setzen wir nun zunächst voraus, daß der Anodenstrom eine lineare Funktion der Steuerspannung U_{St} ist, d. h. schreiben für die Kennlinie

$$I_a = \begin{cases} K\,U_{St} = K(U_g + D\,U_a) & \text{für } U_{St} \geqq 0,\\ 0 & \text{für } U_{St} \leqq 0. \end{cases} \tag{18.3}$$

Wir nehmen ferner an, daß die vor dem Sendeverstärker liegende Stufe (Treiberstufe) eine hinreichend große

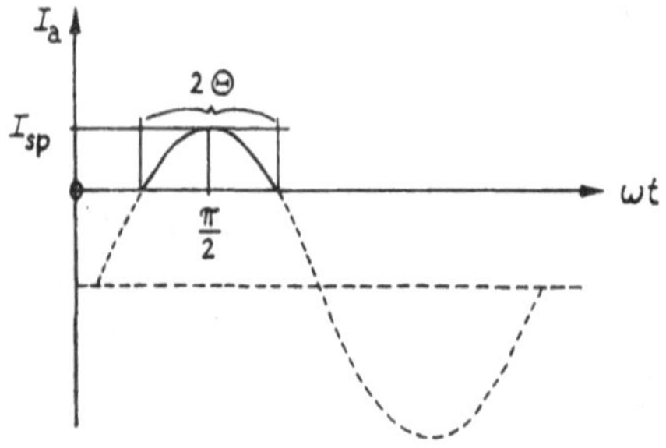

Abb. 18.2. Zur Definition des Stromflußwinkels Θ und des Spitzenstromes I_{sp}

Leistung abgeben kann, so daß sich bei der Aussteuerung in das Gitterstromgebiet die Gitterwechselspannung nur wenig verformt. Dann wird der zeitliche Verlauf des Anodenstromes durch einen Teil einer Sinuswelle dargestellt (Abb. 18.2), da ja die Anodenwechselspannung ohnehin sinusförmig verläuft.

Nennen wir $\overline{U}_g$ die Gittervorspannung, $\overline{U}_B$ die Speisespannung (Spannung des Netzgerätes) und $\check{U}_g$ bzw. $\check{U}_1$ die Amplitude der Gitter- bzw. Anodenwechselspannung, so folgt für die Steuergleichspannung

$$\overline{U}_{St} = \overline{U}_g + D\,U_B \tag{18.4}$$

und für die Amplitude der Steuerwechselspannung (da die Anodenwechselspannung gegenphasig zur Gitterwechselspannung ist)

$$\check{U}_{st} = \check{U}_g - D\,\check{U}_1. \tag{18.5}$$

Betrachten wir die Zeitpunkte, wo der Anodenstrom gerade den Wert Null annimmt, d. h. (vgl. Abb. 18.2)

$$\omega t = \frac{\pi}{2} \pm \Theta + 2\pi n, \tag{18.6}$$

so ergibt sich aus Gl. (18.3)

$$K\left[\bar{U}_{st} + \check{U}_{st}\sin\left(\frac{\pi}{2} \pm \Theta\right)\right] = 0 \tag{18.7}$$

oder für den Stromflußwinkel

$$\cos\Theta = -\frac{\bar{U}_{st}}{\check{U}_{st}} = -\frac{\bar{U}_g + D\,\bar{U}_B}{\check{U}_g - D\,\check{U}_1}. \tag{18.8}$$

Die FOURIER-Zerlegung des Anodenstromes nach Abb. 18.2 (Sinusbogen) liefert für die Amplitude der Grundwelle

$$\check{I}_1 = \frac{1}{\pi}\,\frac{\Theta - \sin\Theta\cos\Theta}{1 - \cos\Theta}\,I_{sp} \tag{18.9}$$

und für den Anodengleichstrom

$$\bar{I}_a = \frac{1}{\pi}\,\frac{\sin\Theta - \Theta\cos\Theta}{1 - \cos\Theta}\,I_{sp}, \tag{18.10}$$

wobei I_{sp} den Anodenspitzenstrom bezeichnet. Bei nichtlinearer Kennlinie lassen sich analoge Beziehungen ableiten, und es zeigt sich, daß der Einfluß der Kennlinienform auf den Verlauf der Funktionen $f_1(\Theta)$ und $f_0(\Theta)$, die allgemein durch

$$f_1(\Theta) = \frac{\check{I}_1}{I_{sp}}, \tag{18.11}$$

$$f_0(\Theta) = \frac{\bar{I}_a}{I_{sp}} \tag{18.12}$$

definiert sind, nur gering ist (vgl. [R 3], wo Kennlinien der Form $I_a = K U_{St}^{\gamma}$ mit $\gamma = 0, {}^1/_2, 1, {}^3/_2, 2$ untersucht werden). Wir können also im folgenden näherungsweise mit den durch Gl. (18.9) und (18.10) gegebenen Ausdrücken für $f_1(\Theta)$ und $f_0(\Theta)$ rechnen.

Für die Amplitude der Anodenwechselspannung ergibt sich also

$$\check{U}_1 = \check{I}_1 R_a = f_1(\Theta)\, R_a I_{sp}, \tag{18.13}$$

wobei R_a der Resonanzwiderstand des Anodenschwingkreises ist. Zur Erzielung einer möglichst großen Wechselstromleistung wird man also $\check{U}_1$ so groß wie möglich machen wollen. Dies ist aber nur in gewissen Grenzen möglich, wie die folgende Überlegung zeigt: Die kleinste vorkommende Anodenspannung

$$\overline{U}_B - \check{U}_1,$$

die wir wieder als Anodenrestspannung U_r bezeichnen können, tritt auf, wenn der größte Strom fließt, d. h., wenn die Gitterspannung ihren größten Wert

$$\overline{U}_g + \check{U}_g$$

besitzt.

Da aber $\overline{U}_g + \check{U}_g$ beim Sendeverstärker durchaus positiv sein kann und damit ein Gitterstrom fließt, der bei zu großen Werten das Gitter zerstören würde, setzen wir folgende Bedingung an: Die niedrigste Anodenspannung muß wenigstens α-mal größer als die größte Gitterspannung sein.[1]) Also gilt

$$\alpha(\overline{U}_g + \check{U}_g) = \overline{U}_B - \check{U}_1 \tag{18.14}$$

oder, wenn wir diese Bedingung in den Ausdruck für die Röhrenkennlinie [Gl. (18.3)] einsetzen,

$$I_{sp} = K(\overline{U}_g + \check{U}_g + D(\overline{U}_B - \check{U}_1)) = \\ = K\left(\frac{1}{\alpha} + D\right)(\overline{U}_B - \check{U}_1). \tag{18.15}$$

[1]) α läßt sich beispielsweise mit Hilfe der TANKschen Stromübernahmeformel Gl. (11.31) aus dem maximal zulässigen Gitterstrom berechnen.

Führen wir als neue Kenngröße der Röhre den sog. Leistungsinnenwiderstand R_{iL} durch die Definition

$$R_{iL} = \frac{1}{K\left(\frac{1}{\alpha} + D\right)} \tag{18.16}$$

ein, so erhalten wir

$$I_{sp} = \frac{1}{R_{iL}} (\overline{U}_B - \check{U}_1) \tag{18.17}$$

oder durch Einsetzen in Gl. (18.13)

$$\check{U}_1 = \frac{\overline{U}_B}{1 + \frac{R_{iL}}{f_1(\Theta) R_a}}. \tag{18.18}$$

Damit ergibt sich für die Amplitude der Grundwelle des Anodenstromes

$$\check{I}_1 = \frac{1}{R_a} \check{U}_1 = \frac{\overline{U}_B}{R_a + \frac{R_{iL}}{f_1(\Theta)}}, \tag{18.19}$$

für die Wechselstromleistung

$$P_1 = \frac{1}{2} \check{I}_1 \check{U}_1 = \frac{1}{2} \overline{U}_B^2 R_a \left(R_a + \frac{R_{iL}}{f_1(\Theta)}\right)^{-2}, \tag{18.20}$$

für den Spitzenstrom

$$I_{sp} = \frac{1}{R_{iL}} (\overline{U}_B - \check{U}_1) = \frac{\overline{U}_B}{R_{iL} + R_a f_1(\Theta)} \tag{18.21}$$

und für die Gleichstromleistung

$$P = \overline{U}_B \overline{I}_a = \overline{U}_B I_{sp} f_0(\Theta) = = \frac{\overline{U}_B^2}{R_{iL} + R_a f_1(\Theta)} f_0(\Theta). \tag{18.22}$$

Wie man aus Gl. (18.20) erkennt, besitzt die Wechselstromleistung P_1 als Funktion des Außenwiderstandes R_a ein Maximum für

$$R_{a\,opt} = \frac{R_{iL}}{f_1(\Theta)} \tag{18.23}$$

mit dem Wert

$$P_{1\,max} = \frac{1}{8}\,\overline{U}_B^2\,\frac{f_1(\Theta)}{R_{iL}}. \tag{18.24}$$

Da die Funktion $f_1(\Theta)$ [vgl. die Gln. (18.11) und (18.9)] ihrerseits wieder ein Maximum bei $\Theta \approx 120°$ mit $f_1(\Theta) \approx$ $\approx 0{,}54$ aufweist, erhalten wir somit

$$P_{1\,\substack{max\\max}} \approx 0{,}067\,\frac{\overline{U}_B^2}{R_{iL}}, \tag{18.25}$$

d. h., die größte Wechselstromleistung wird im Übergangsgebiet zwischen A- und B-Betrieb (AB-Betrieb) abgegeben. Der Wirkungsgrad

$$\eta = \frac{P_1}{P} = \frac{1}{2}\,\frac{f_1(\Theta)}{f_0(\Theta)}\,\frac{R_a}{R_a + \dfrac{R_{iL}}{f_1(\Theta)}} \tag{18.26}$$

dagegen wächst mit größer werdendem R_a und erreicht den größten Wert für $R_a f_1(\Theta) \gg R_{iL}$ mit

$$\eta_{max} = \frac{1}{2}\,\frac{f_1(\Theta)}{f_0(\Theta)}. \tag{18.27}$$

Der Quotient der beiden Funktionen $f_1(\Theta)$ und $f_0(\Theta)$ besitzt für $\Theta = 0$ den Wert 2 und sinkt bis $\Theta = \pi$ auf den Wert 1 ab [vgl. die Gln. (18.11), (18.12) und (18.9), (18.10)], d. h., der maximale Wirkungsgrad ($\eta = 1$) wird im C-Betrieb erhalten, während der größte Wirkungsgrad im A-Betrieb $\eta = {}^1/_2$ ist.

Die hier erhaltenen Resultate sind aber nur realisierbar, wenn

a) die maximal zulässige Anodenverlustleistung ($P_V = P - P_1$),
b) der maximal zulässige Anodengleichstrom ($\bar{I}_a$) und
c) der maximal zulässige Anodenspitzenstrom (I_{sp})

nicht überschritten werden. Die Behandlungen für den Fall, daß man diese Bedingungen berücksichtigen muß, finden sich beispielsweise in dem genannten Buch von ROTHE und KLEEN [R 3].

Aufgabe:

Für eine Triode mit $D = 10\%$, $K = 15$ mAV^{-1}, $\bar{U}_B = 4$ kV und $\alpha = 10$, also $R_{iL} = 1/_3$ kΩ sind $P_{1\max_{\max}}$, η, P, $\check{U}_1$, $\check{I}_1$, I_{sp}, $\bar{I}_a$, $\check{U}_g$ und $\bar{U}_g$ zu berechnen.

Lösung: $P_{1\max_{\max}} = 3{,}2$ kW, $\eta = 33\%$, $P = 9{,}7$ kW,

$\check{U}_1 = 2$ kV, $\check{I}_1 = 3{,}2$ A, $I_{sp} = 5{,}9$ A,

$\bar{I}_a = 2{,}4$ A, $\check{U}_g = 470$ V, $\bar{U}_g = -270$ V.

19. Nichtlineare Theorie elektrischer Schwingungen (Sender)

Während in der theoretischen Physik im allgemeinen nur der lineare elektrische Schwingkreis behandelt wird, an dem sich lediglich das Zustandekommen exponentiell an- oder abklingender Schwingungen erläutern läßt, sollen im folgenden die Eigenschaften von einfachen nichtlinearen Kreisen untersucht werden, die als Modell für Schaltungen zur Erzeugung ungedämpfter elektrischer Schwingungen (Sender, Multivibratoren usw.) dienen können. Wir werden uns dabei nicht mit speziellen Schaltungen und technischen Fragen beschäftigen (vgl. z. B. [A 2], [E 2], [M 3]), sondern nur mit grundlegenden Erscheinungen.

19.1. Erzeugung ungedämpfter Sinusschwingungen

Um die Verluste in einem Schwingkreis, d. h. die ständige Verringerung der elektromagnetischen Energie durch Umwandlung in Wärme, zu kompensieren, muß Energie zugeführt werden. Dies geschieht entweder durch eine Rückkopplung oder durch Parallelschalten eines negativen Widerstandes (s. unten). Im einfachsten Fall kann man eine solche Rückkopplung mit einer Triode durch induktive Kopplung zwischen Anoden- und Gitterkreis (Abb. 19.1) erzielen (MEISSNER-Schaltung).

Die Kreisverluste seien in dem ohmschen Widerstand R zusammengefaßt, und die Gegeninduktivität werde mit M bezeichnet. Dann gilt zunächst

$$\left.\begin{aligned} & L\frac{\mathrm{d}I_L}{\mathrm{d}t} = -U_\mathrm{a}, \quad \frac{1}{C}\int I_C \mathrm{d}t = -U_\mathrm{a}, \\ & R I_R = -U_\mathrm{a}, \quad I_\mathrm{a} = I_L + I_C + I_R, \\ & U_\mathrm{g} = M\frac{\mathrm{d}I_L}{\mathrm{d}t} = -M\frac{U_\mathrm{a}}{L} \end{aligned}\right\} \tag{19.1}$$

und damit für die Steuerspannung der Röhre

$$U_\mathrm{g} + D U_\mathrm{a} + D\overline{U}_\mathrm{B} = U_\mathrm{a}\left(D - \frac{M}{L}\right) + D\overline{U}_\mathrm{B}. \tag{19.2}$$

Nehmen wir an, daß $D\overline{U}_\mathrm{B}$ groß gegen den zeitabhängigen Term $U_\mathrm{a}(D - M/L)$ ist, so können wir den Anodenstrom

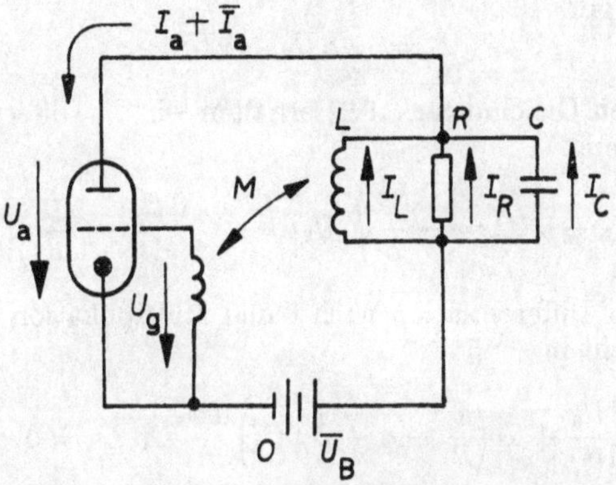

Abb. 19.1. Einfache induktive Rückkopplungsschaltung (MEISSNER-Schaltung) zur Erzeugung ungedämpfter elektrischer Schwingungen

an der Stelle $D\bar{U}_B$ entwickeln und erhalten

$$\bar{I}_a + I_a = \bar{I}_a + S\left(D - \frac{M}{L}\right)U_a + \frac{1}{2!}\,T\left(D - \frac{M}{L}\right)^2 U_a^2 + \\ + \frac{1}{3!}\,V\left(D - \frac{M}{L}\right)^3 U_a^3 + \cdots, \tag{19.3}$$

wobei S, T bzw. V die erste, zweite bzw. dritte Ableitung des Anodenstromes nach der Steuerspannung bezeichnet. Zur Vereinfachung der folgenden Betrachtungen setzen wir voraus, daß der Arbeitspunkt im Wendepunkt der Kennlinie liegt ($T = 0$),[1] und führen die folgenden Bezeichnungen ein:

$$\alpha = -S\left(D - \frac{M}{L}\right), \tag{19.4}$$

$$\gamma = +\frac{1}{3!}\,V\left(D - \frac{M}{L}\right)^3. \tag{19.5}$$

[1]) Der quadratische Term gibt im wesentlichen nur Anlaß zu den Gleichrichtereffekten (vgl. Abschnitt 21).

Dann gilt

$$I_a = -\alpha U_a + \gamma U_a^3. \qquad (19.6)$$

Mit den Gleichungen (19.1) erhalten wir die Differentialgleichung

$$-\alpha U_a + \gamma U_a^3 = -\frac{1}{L}\int U_a \mathrm{d}t - C\,\frac{\mathrm{d}U_a}{\mathrm{d}t} - \frac{U_a}{R}, \qquad (19.7)$$

die bei Differentiation nach t und Multiplikation mit L übergeht in

$$LC\,\frac{\mathrm{d}^2 U_a}{\mathrm{d}t^2} + L\left(\frac{1}{R} - \alpha + 3\gamma U_a^2\right)\frac{\mathrm{d}U_a}{\mathrm{d}t} + U_a = 0. \qquad (19.8)$$

Dieselbe Differentialgleichung ergibt sich auch, wenn wir parallel zu einem Schwingkreis einen negativen Widerstand legen, dessen Strom-Spannungs-Kennlinie durch Gl. (19.6) gegeben wird (vgl. Abb. 19.2).

Es ist zu beachten, daß es sich dabei um ein Bauelement handeln muß, dessen negativer Widerstand bei Einstellung des Arbeitspunktes über den Wert $\mathrm{d}U_a/\mathrm{d}I_a = \infty$ erreicht wird (negativer Widerstand mit „Dynatron"-Kennlinie, z. B. Tunneldiode), während solche Bauelemente, bei denen der negative Widerstand über $\mathrm{d}U_a/\mathrm{d}I_a = 0$ erreicht wird (Lichtbogenkennlinie), nur zur Erregung stabiler sinusförmiger Schwingungen in Serienresonanzkreisen dienen können [P 1].

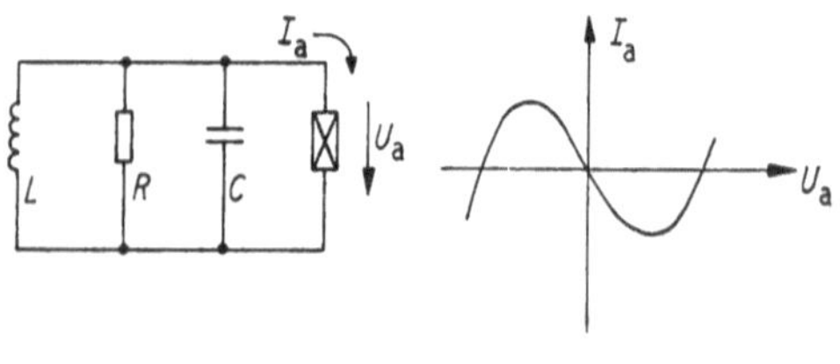

Abb. 19.2. Zur Schwingungserzeugung mit einem negativen Widerstand, dessen Kennlinie durch Gl. (19.6) mit $\alpha > 0$ und $\gamma > 0$ angenähert wird

Vernachlässigen wir zunächst den nichtlinearen Term, so ergibt sich aus Gl. (19.8) mit (19.4) die bekannte Differentialgleichung

$$LC\,\frac{\mathrm{d}^2 U_a}{\mathrm{d}t^2} + L\left(\frac{1}{R} + S\left(D - \frac{M}{L}\right)\right)\frac{\mathrm{d}U_a}{\mathrm{d}t} + U_a = 0, \tag{19.9}$$

die ausführlich in den Lehrbüchern der theoretischen Physik behandelt wird.

Für

$$\frac{1}{L} > \frac{1}{4C}\left[\frac{1}{R} + S\left(D - \frac{M}{L}\right)\right]^2 \tag{19.10}$$

ergibt sich eine periodische Lösung, deren Amplitude im Falle geringer Rückkopplung, d. h.

$$\frac{1}{R} + S\left(D - \frac{M}{L}\right) > 0, \tag{19.11}$$

exponentiell mit der Zeit abklingt, während bei stärkerer Rückkopplung, d. h.

$$\frac{1}{R} + S\left(D - \frac{M}{L}\right) < 0, \tag{19.12}$$

eine exponentielle Zunahme der Amplitude erfolgt. Wir erhalten in diesem zweiten Fall zwar eine Schwingungsanfachung, jedoch wächst die Amplitude über alle Grenzen, und es kommt nicht zur Ausbildung einer Sinusspannung konstanter Amplitude. Dies liegt natürlich an der Vernachlässigung des nichtlinearen Terms (Verringerung der Verstärkung bei großen Amplituden), und wir wollen deshalb im folgenden die allgemeine Differentialgleichung (19.8) lösen. Führen wir zur Abkürzung die

Bezeichnungen

$$\left.\begin{aligned} \omega_0 &= \frac{1}{\sqrt{LC}}, & \omega_0 t &= \tau, \\ \varepsilon &= \sqrt{\frac{L}{C}}\left(\alpha - \frac{1}{R}\right), & U &= U_a \sqrt{\frac{3\gamma}{\alpha - \frac{1}{R}}} \end{aligned}\right\} \tag{19.13}$$

ein, so läßt sich Gl. (19.8) sofort umschreiben in

$$\frac{d^2 U}{d\tau^2} - \varepsilon(1 - U^2)\frac{dU}{d\tau} + U = 0. \tag{19.14}$$

Diese Differentialgleichung wird mitunter als VAN DER POL*sche Differentialgleichung* bezeichnet.

Ihre Lösung diskutieren wir zunächst nur für den Fall, daß $\varepsilon > 0$, aber noch klein gegen 1 ist. Dies entspricht einer positiven, aber mäßig starken Rückkopplung und führt, wie wir noch sehen werden, zur Ausbildung sinusförmiger Schwingungen.

Für kleine Spannungen ($U \ll 1$) kann U^2 in Gl. (19.14) weggelassen werden, und wir werden zunächst eine exponentiell mit der Zeit anwachsende Sinusschwingung als Lösung erwarten. Für größere Spannungen wird der Term $-\varepsilon(1 - U^2)$ jedoch immer kleiner und damit das weitere Anwachsen gestoppt werden, so daß sich eine Sinusschwingung konstanter Amplitude ausbilden sollte. Zum Beweis dieser Vermutung machen wir den Lösungsansatz

$$U = a(\tau)\cos\tau, \tag{19.15}$$

wobei $a(\tau)$ eine langsam veränderliche Funktion von τ sei, d. h. es gelte

$$\frac{1}{a}\frac{da}{d\tau} \ll 1. \tag{19.16}$$

Das entspricht, wie wir noch sehen werden, der schon geforderten Voraussetzung

$$\varepsilon \ll 1. \tag{19.17}$$

Außerdem können wir bei allen folgenden Rechnungen die Oberwellen vernachlässigen, da, wenn $a(\tau)$ eine langsame Zeitfunktion ist, die FOURIER-Zerlegung von U nur kleine Amplituden für die Oberwellen liefert. Zur Kennzeichnung setzen wir die Terme erster Ordnung in eine einfache Klammer, die zweiter Ordnung in eine Doppelklammer und lassen die Terme höherer Ordnung überhaupt weg. Dann folgt zunächst

$$\left.\begin{aligned}
&U^3 = a^3 \cos^3 \tau = a^3 \frac{3}{4} \cos \tau + \left(a^3 \frac{1}{4} \cos 3\tau\right),\\
&\frac{\mathrm{d}U}{\mathrm{d}\tau} = - a \sin \tau + \left(\frac{\mathrm{d}a}{\mathrm{d}\tau} \cos \tau\right),\\
&\frac{\mathrm{d}^2 U}{\mathrm{d}\tau^2} = -\left(2 \frac{\mathrm{d}a}{\mathrm{d}\tau} \sin \tau\right) - a \cos \tau +\\
&\qquad + \left(\left(\frac{\mathrm{d}^2 a}{\mathrm{d}\tau^2} \cos \tau\right)\right),\\
&U^2 \frac{\mathrm{d}U}{\mathrm{d}\tau} = \frac{1}{3} \frac{\mathrm{d}U^3}{\mathrm{d}\tau} = - \frac{1}{4} a^3 \sin \tau -\\
&- \left(a^3 \frac{1}{4} \sin 3\tau\right) +\\
&+ \left(\frac{3}{4} a^2 \frac{\mathrm{d}a}{\mathrm{d}\tau} \cos \tau\right) + \left(\left(\frac{1}{4} a^2 \frac{\mathrm{d}a}{\mathrm{d}\tau} \cos 3\tau\right)\right)
\end{aligned}\right\} \tag{19.18}$$

oder nach Einsetzen in Gl. (19.14)

$$- \left(2 \frac{\mathrm{d}a}{\mathrm{d}\tau} \sin \tau\right) - a \cos \tau + \left(\left(\frac{\mathrm{d}^2 a}{\mathrm{d}\tau^2} \cos \tau\right)\right) +$$

$$+ (\varepsilon a \sin \tau) - \left(\left(\varepsilon \frac{\mathrm{d}a}{\mathrm{d}\tau} \cos \tau\right)\right) - \left(\varepsilon \frac{1}{4} a^3 \sin \tau\right) -$$

$$- \left(\left(\varepsilon a^3 \frac{1}{4} \sin 3\tau\right)\right) + \left(\left(\varepsilon \frac{3}{4} a^2 \frac{\mathrm{d}a}{\mathrm{d}\tau} \cos \tau\right)\right) + a \cos \tau = 0. \tag{19.19}$$

Vernachlässigen wir auch die Terme zweiter Ordnung, so folgt

$$-2 \frac{\mathrm{d}a}{\mathrm{d}\tau} \sin \tau + \varepsilon a \sin \tau - \varepsilon \frac{a^3}{4} \sin \tau = 0 \tag{19.20}$$

oder, da diese Beziehung in jedem Zeitpunkt erfüllt sein muß,

$$\frac{\mathrm{d}a^2}{\mathrm{d}\tau} - \varepsilon \left(a^2 - \frac{a^4}{4}\right) = 0. \tag{19.21}$$

Die Lösung dieser Differentialgleichung läßt sich (durch Einführung einer Hilfsgröße $x = a^{-2}$) leicht finden, und man erhält

$$a = \frac{2}{\sqrt{1 + \exp\{-\varepsilon(\tau - \tau_0)\}}}, \tag{19.22}$$

wobei τ_0 die Integrationskonstante ist. Mit Gl. (19.15) und (19.13) ergibt sich für die Schwingkreisspannung

$$U_\mathrm{a} = \sqrt{\frac{\alpha - \frac{1}{R}}{\frac{3}{4}\gamma}} \frac{\cos \omega_0 t}{\sqrt{1 + \exp\left\{-\frac{1}{C}\left(\alpha - \frac{1}{R}\right)(t - t_0)\right\}}}, \tag{19.23}$$

also tatsächlich eine zunächst exponentiell ($t \to -\infty$) anwachsende Schwingung, deren Amplitude sich aber dann asymptotisch einem Endwert

$$U_a(t = \infty) = \sqrt{\frac{4\left(\alpha - \frac{1}{R}\right)}{3\gamma}} \cos \omega_0 t \qquad (19.24)$$

nähert (vgl. Abb. 19.3). Dieser Endwert läßt sich gemäß Gl. (19.24) aus der Kennlinie und dem Grad der Rück-

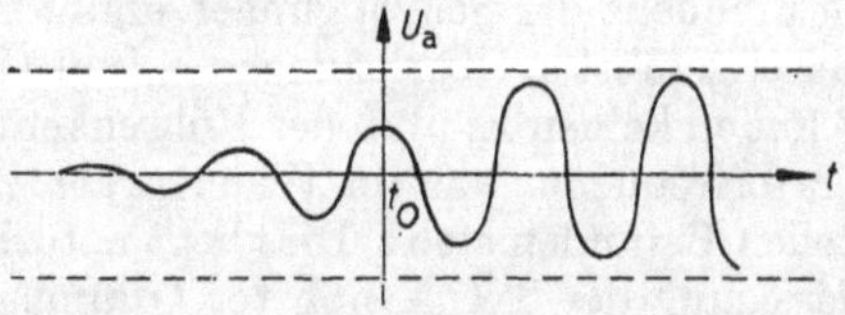

Abb. 19.3. Graphische Darstellung der Lösung von Gl. (19.14) für $\varepsilon \ll 1$

kopplung (α und γ) sowie den Kreisverlusten (R) berechnen. Hätten wir diese Verluste statt durch den Parallelwiderstand R durch einen Serienwiderstand R_S in Reihe mit der Induktivität L dargestellt, so müßte in den Gleichungen R durch den Quotienten $L(R_S C)^{-1}$ ersetzt werden.

Wir beweisen nun noch, daß die Bedingung (19.17) identisch mit der Voraussetzung (19.16) ist: Die Ableitung von Gl. (19.22) nach τ liefert

$$\frac{\mathrm{d}a}{\mathrm{d}\tau} = + \frac{\varepsilon \exp\{-\varepsilon(\tau - \tau_0)\}}{\sqrt{[1 + \exp\{-\varepsilon(\tau - \tau_0)\}]^3}}, \qquad (19.24\,\mathrm{a})$$

und damit diese Größe klein gegen a [vgl. Gl. (19.22)] ist, muß

$$\varepsilon \ll 2\,[1 + \exp\{\varepsilon(\tau - \tau_0)\}] \qquad (19.24\,\mathrm{b})$$

sein, woraus sofort die Bedingung (19.17) folgt, da (19.24 b) in jedem Zeitpunkt erfüllt sein soll. Außerdem erkennen wir aus Gl. (19.22), daß $\varepsilon \ll 1$ ein langsames Anschwingen bedeutet; denn für $\tau \to -\infty$ läßt sich näherungsweise

$$a = 2 \exp\left\{\frac{1}{2}\,\varepsilon(\tau - \tau_0)\right\} \qquad (19.25)$$

schreiben.

Für die Frequenz der Schwingungen ergibt sich gemäß der hier durchgeführten Überlegungen ω_0 [vgl. Gl. (19.23)], d. h., wir finden keinen Einfluß der Röhrenkennwerte auf die Generatorfrequenz, was im Widerspruch zu den experimentellen Befunden steht. Dies liegt natürlich an der Vernachlässigung der Terme höherer Ordnung, und wir wollen deshalb noch zeigen, wie der Oberwellengehalt der erzeugten Schwingungen mit einer Frequenzverschiebung der Grundwelle zusammenhängt. Dazu gehen wir von der Differentialgleichung für den allgemeinen Fall aus, indem wir an Stelle von Gl. (19.6) die Reihenentwicklung

$$I_\mathrm{a} = \sum_{n=1}^{\infty} \alpha_n U_a^n \qquad (19.26)$$

verwenden. Damit ergibt sich statt Gl. (19.14) die verallgemeinerte Gleichung

$$\omega_0^{-2}\,\frac{d^2 U_\mathrm{a}}{\mathrm{d}t^2} + L\left(\frac{1}{R} + \sum_{\mathrm{n}=1}^{\infty} n\alpha\, U_a^{n-1}\right)\frac{\mathrm{d}U_\mathrm{a}}{\mathrm{d}t} + U_\mathrm{a} = 0. \qquad (19.27)$$

Unter der Annahme, daß eine periodische Lösung existiert, multiplizieren wir beide Seiten mit U_a und integrieren über eine Periode T_p dieser Schwingung:

$$\omega_0^{-2} \int_0^{T_p} U_a \frac{d^2 U_a}{dt^2} dt + L \int_0^{T_p} \left(\frac{1}{R} + \alpha_1\right) U_a \frac{d U_a}{dt} dt +$$

$$+ \sum_{n=2}^{\infty} L \int_0^{T_p} \alpha_n n U_a^n \frac{d U_a}{dt} dt + \int_0^{T_p} U_a^2 dt = 0. \quad (19.28)$$

Durch partielle Integration des ersten Terms ergibt sich daraus

$$-\omega_0^{-2} \int_0^{T_p} \left(\frac{d U_a}{dt}\right)^2 dt + \int_0^{T_p} U_a^2 dt = 0. \quad (19.29)$$

Die FOURIER-Zerlegung von U_a besitze nun die Form

$$U_a = \sum_{n=1}^{\infty} \check{U}_n \cos(n\omega t + \varphi_n), \quad (19.30)$$

so daß sich nach Bildung der entsprechenden Mittelwerte aus Gl. (19.29) die Beziehung

$$\sum_{n=1}^{\infty} \check{U}_n^2 n^2 \omega^2 = \omega_0^2 \sum_{n=1}^{\infty} \check{U}_n^2 \quad (19.31)$$

oder

$$\omega = \omega_0 \sqrt{\frac{\sum_{n=1}^{\infty} \check{U}_n^2}{\sum_{n=1}^{\infty} n^2 \check{U}_n^2}} \quad (19.32)$$

ergibt. Bei geringen Verzerrungen (nur die erste Oberwelle besitzt eine merkliche Amplitude) wird also

$$\omega \approx \omega_0 \left[1 - \frac{3}{2}\left(\frac{\check{U}_2}{\check{U}_1}\right)^2\right]. \tag{19.33}$$

Damit die Frequenz der erzeugten Schwingung möglichst unabhängig vom nichtlinearen Widerstand wird (hohe Frequenzstabilität des Senders), muß die Schwingung also möglichst exakt sinusförmig sein.

19.2. Oszillator mit zwei Freiheitsgraden

Im folgenden soll das Verhalten zweier gekoppelter Schwingkreise untersucht werden, von denen einer entdämpft wird (vgl. Abb. 19.4). Wir werden dabei die Rechnungen nicht im einzelnen durchführen, sondern nur den Rechengang und die Resultate angeben. Als Ausgangsgleichungen benutzen wir analog zu den Betrachtungen im vorigen Abschnitt [vgl. Gl. (19.8)]:

$$L_1 C_1 \frac{d^2 U_1}{dt^2} + L_1 \left(\frac{1}{R_1} - \alpha + 3\gamma U_1^2\right) \frac{d U_1}{dt} + + U_1 - k_1 L_1 C_1 \frac{d^2 U_2}{dt^2} = 0, \tag{19.34}$$

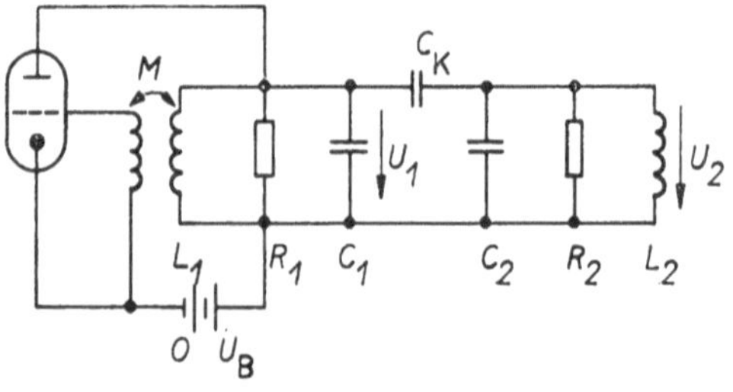

Abb. 19.4. Oszillator mit zwei Freiheitsgraden (gekoppelte Schwingkreise)

$$L_2 C_2 \frac{\mathrm{d}^2 U_2}{\mathrm{d}t^2} + \frac{L_2}{R_2} \frac{\mathrm{d}U_2}{\mathrm{d}t} + U_2 - k_2 L_2 C_2 \frac{\mathrm{d}^2 U_1}{\mathrm{d}t^2} = 0, \tag{19.35}$$

wobei

$$k_1 = \frac{C_{\mathrm{K}}}{C_1}, \quad k_2 = \frac{C_{\mathrm{K}}}{C_2} \tag{19.36}$$

gesetzt und $k_1, k_2 \ll 1$ angenommen wurde. Wenn wir zunächst alle Dämpfungsterme und die Rückkopplung vernachlässigen ($R_1 = R_2 = \infty$, $\alpha = \gamma = 0$), so erhalten wir mit

$$\omega_1^2 = \frac{1}{L_1 C_1}, \quad \omega_2^2 = \frac{1}{L_2 C_2} \tag{19.37}$$

die Beziehungen

$$\left.\begin{aligned} \frac{\mathrm{d}^2 U_1}{\mathrm{d}t^2} + U_1 \omega_1^2 - k_1 \frac{\mathrm{d}^2 U_2}{\mathrm{d}t^2} &= 0, \\ \frac{\mathrm{d}^2 U_2}{\mathrm{d}t^2} + U_2 \omega_2^2 - k_2 \frac{\mathrm{d}^2 U_1}{\mathrm{d}t^2} &= 0. \end{aligned}\right\} \tag{19.38}$$

Mit dem Ansatz $U \sim \exp(pt)$ läßt sich dieses Gleichungssystem leicht lösen, und man findet, daß sich sowohl U_1 als auch U_2 als Summe zweier Sinusschwingungen ergibt, deren Frequenzen (ω_{I} und ω_{II}) man aus der Beziehung

$$\omega_{\mathrm{I,II}}^2 = \frac{1}{2}(\omega_1^2 + \omega_2^2) \pm \frac{1}{2}\sqrt{(\omega_1^2 - \omega_2^2)^2 + 4k^2 \omega_1^2 \omega_2^2} \tag{19.39}$$

erhält, wobei

$$k = \sqrt{k_1 k_2} = \frac{C_{\mathrm{K}}}{\sqrt{C_1 C_2}} \tag{19.40}$$

der sogenannte Kopplungsfaktor ist.

Als Lösungsansatz für die allgemeinen Differentialgleichungen (19.34) und (19.35) verwendet man daher

$$U_1 = a(t) \sin \omega_{\mathrm{I}} t + b(t) \sin (\omega_{\mathrm{II}} t + \varphi), \quad (19.41)$$

wobei man den Einfluß der Dämpfung und Rückkopplung dadurch berücksichtigt, daß man die Koeffizienten von der Zeit abhängen läßt. Unter der Voraussetzung, daß $a(t)$ und $b(t)$ nur langsame Zeitfunktionen sein sollen, erhält man analog zu den Überlegungen im Abschnitt 19.1.

$$\left.\begin{aligned} \frac{\mathrm{d}a^2}{\mathrm{d}t} &= K_{\mathrm{I}} a^2 \{a_0^2 - (a^2 + 2b^2)\}, \\ \frac{\mathrm{d}b^2}{\mathrm{d}t} &= K_{\mathrm{II}} b^2 \{b_0^2 - (b^2 + 2a^2)\}, \end{aligned}\right\} \quad (19.42)$$

wobei zur Abkürzung die Bezeichnungen

$$\left.\begin{aligned} K_{\mathrm{I}} &= \frac{3\gamma}{4C_1} \frac{(\omega_{\mathrm{I}}^2 - \omega_2^2)}{2(1-k^2)\,\omega_{\mathrm{I}}^2 - \omega_1^2 - \omega_2^2}, \\ K_{\mathrm{II}} &= \frac{3\gamma}{4C_1} \frac{(\omega_{\mathrm{II}}^2 - \omega_2^2)}{2(1-k^2)\,\omega_{\mathrm{II}}^2 - \omega_2^2 - \omega_1^2} \end{aligned}\right\} \quad (19.43)$$

und

$$\left.\begin{aligned} a_0^2 &= \frac{4C_1}{3\gamma}\left[\frac{1}{C_1}\left(\alpha - \frac{1}{R_1}\right) - \frac{1}{C_2 R_2}\,\frac{\omega_1^2 - \omega_{\mathrm{I}}^2}{\omega_2^2 - \omega_{\mathrm{I}}^2}\right], \\ b_0^2 &= \frac{4C_1}{3\gamma}\left[\frac{1}{C_1}\left(\alpha - \frac{1}{R_1}\right) - \frac{1}{C_2 R_2}\,\frac{\omega_1^2 - \omega_{\mathrm{II}}^2}{\omega_2^2 - \omega_{\mathrm{II}}^2}\right] \end{aligned}\right\} \quad (19.44)$$

eingeführt wurden. Als mögliche stationäre Lösungen der Gleichungen (19.42) (d. h. $\mathrm{d}a^2/\mathrm{d}t = \mathrm{d}b^2/\mathrm{d}t = 0$) würden sich also die Kombinationen

1. $a_s^2 = 0, \quad b_s^2 = 0,$

2. $a_s^2 = \frac{1}{3}(2b_0^2 - a_0^2), \quad b_s^2 = \frac{1}{3}(2a_0^2 - b_0^2),$

3. $a_s^2 = a_0^2$, $\quad b_s^2 = 0$,

4. $a_s^2 = 0$, $\quad b_s^2 = b_0^2$

ergeben. Welche von diesen möglichen Lösungen tatsächlich auftreten, hängt davon ab, ob sie einen stabilen Zustand des Systems beschreiben oder nicht. Dies prüft man folgendermaßen: Man setzt die betreffende Lösung mit einer überlagerten kleinen Störung ($a_s + \delta a$, $b_s + \delta b$) in die Differentialgleichungen (19.42) ein und löst nach der Störung auf, d. h., man erhält das zeitliche Verhalten der Störung. Wächst nun die Störung mit der Zeit an, so entspricht die Lösung (a_s, b_s) einem instabilen Zustand, während bei einer zeitlichen Abnahme der Störung die Lösung stabil ist. Man findet auf diese Weise leicht, daß bei genügend starker Rückkopplung die ersten beiden Lösungen instabil sind und daß die 3. Lösung, also

$$a_s^2 = a_0^2, \quad b_s^2 = 0, \tag{19.45}$$

stabil ist, solange $a_0^2 > {}^1/_2\, b_0^2$ gilt, und daß die 4. Lösung, also

$$a_s^2 = 0, \quad b_s^2 = b_0^2, \tag{19.46}$$

einen stabilen Zustand darstellt, sofern $b_0^2 > {}^1/_2\, a_0^2$ gilt.

Wenn demzufolge die Schaltung so dimensioniert wurde, daß die Ungleichung

$$\frac{1}{2}\, b_0^2 < a_0^2 < 2\, b_0^2 \tag{19.47}$$

Gültigkeit besitzt, sind beide Lösungen (19.45) und (19.46) möglich, d. h., das System kann sowohl mit der Frequenz ω_{I} als auch mit der Frequenz ω_{II} schwingen, aber nicht gleichzeitig mit beiden; denn sobald eine Schwingung eine gewisse Amplitude erreicht hat, unterdrückt sie die andere vollständig. Man kann also gegebenenfalls durch äußere Impulse einen Umschlag von der einen Frequenz zur anderen erzielen.

Aufgaben:

1. Man beweise die Gleichung (19.39).
2. Man leite die Beziehungen (19.42) ab.
3. Man zeige, daß nur die Lösungen (19.45) und (19.46) stabil sind.

19.3. Oszillator mit äußerer EMK

Bei diesen Betrachtungen soll das Verhalten eines Senders unter Einwirkung einer äußeren Wechselspannung untersucht werden (Fragen der Synchronisation, des Mitnahmebereiches, der sogenannten Pfeiflücke beim rückgekoppelten Audion usw.), wobei wir uns wieder auf eine Beschreibung des Rechnungsganges beschränken wollen und hinsichtlich der Zwischenrechnungen auf die Originalarbeit von VAN DER POL [P 2] verweisen. Die Ausgangsgleichung erhält man aus Abb. 19.5 analog zu den Betrachtungen im Abschnitt 19.1. und unter der Voraussetzung $C_K \ll C$ zu

$$L C \frac{d^2 U_a}{d t^2} + L \left(\frac{1}{R} - \alpha + 3\gamma\, U_a^2\right) \frac{d U_a}{d t} + \\ + U_a - L C_K \frac{d^2 U_s}{d t^2} = 0. \qquad (19.48)$$

Wenn wir für die aufgeprägte äußere Spannung

$$U_s = \check{U}_s \sin \omega_s t \qquad (19.49)$$

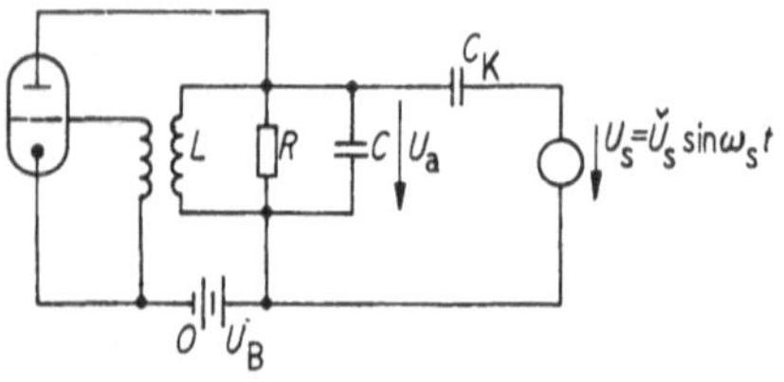

Abb. 19.5. Sender unter dem Einfluß einer aufgeprägten äußeren Spannung

ansetzen und den Kopplungsfaktor k sowie die Resonanzfrequenz durch die Definitionen

$$k = \frac{C_K}{C}, \quad \omega_0^2 = \frac{1}{LC} \quad \text{mit} \quad k \ll 1 \qquad (19.50)$$

einführen, geht Gl. (19.48) über in

$$\frac{d^2 U_a}{dt^2} + \frac{1}{C}\left(\frac{1}{R} - \alpha + 3\gamma U_a^2\right)\frac{dU_a}{dt} + U_a\omega_0^2 =$$
$$= -k\omega_s^2 \check{U}_s \sin \omega_s t. \qquad (19.51)$$

Wir betrachten nun zunächst den Fall, daß die Frequenz ω_s der äußeren Störung nahe bei der Eigenfrequenz ω_0 des Senders liegt. Dann vermuten wir, daß der Sender nicht mit seiner Eigenfrequenz, sondern mit der des äußeren Signals schwingt (erzwungene Schwingung), und machen demzufolge den Lösungsansatz

$$U_a = b_1(t) \sin \omega_s t + b_2(t) \cos \omega_s t. \qquad (19.52)$$

$b_1(t)$ und $b_2(t)$ sollen wieder langsame Funktionen der Zeit sein:

$$\frac{db_1}{dt} \ll \omega_s b_1, \quad \frac{db_2}{dt} \ll \omega_s b_2. \qquad (19.53)$$

Dies ist bei schwacher Rückkopplung ($\varepsilon \ll 1$, vgl. Abschnitt 19.1.) berechtigt und bedeutet gleichzeitig, daß die Oberwellen vernachlässigt werden können. Indem man die Terme höherer Ordnung vernachlässigt, ergibt sich mit dem Lösungsansatz (19.52) aus der Differentialgleichung (19.51) durch Nullsetzen der Koeffizienten von $\cos \omega_s t$ bzw. $\sin \omega_s t$

$$\left.\begin{aligned} 2\frac{db_1}{dt} + zb_2 - \left(\frac{\alpha}{C} - \frac{1}{RC}\right) b_1 \left(1 - \frac{b^2}{a_0^2}\right) &= 0, \\ 2\frac{db_2}{dt} - zb_1 - \left(\frac{\alpha}{C} - \frac{1}{RC}\right) b_2 \left(1 - \frac{b^2}{a_0^2}\right) &= \omega_s k \check{U}_s \end{aligned}\right\} \qquad (19.54)$$

mit

$$b^2 = b_1^2 + b_2^2, \quad z = \frac{\omega_0^2 - \omega_s^2}{\omega_s} \tag{19.55}$$

und

$$a_0^2 = \frac{4\left(\alpha - \frac{1}{R}\right)}{3\gamma}. \tag{19.56}$$

Ein Vergleich mit Gl. (19.23) zeigt, daß a_0 die Amplitude der freien Schwingung ist.

Die stationäre Lösung ergibt sich, indem wir $\mathrm{d}b_1/\mathrm{d}t = \mathrm{d}b_2/\mathrm{d}t = 0$ setzen und die beiden Gleichungen (19.54) quadrieren und addieren:

$$b^2 \left\{z^2 + \left(\frac{\alpha}{C} - \frac{1}{RC}\right)^2 \left(1 - \frac{b^2}{a_0^2}\right)^2\right\} = \omega_s^2 k^2 \check{U}_s^2. \tag{19.57}$$

Diese Gleichung liefert b, d. h. die Amplitude der erzwungenen Schwingung, als Funktion der Differenz $[z = ({\omega_0}^2 - {\omega_s}^2)/\omega_s]$ zwischen der Eigenfrequenz des Senders und der Frequenz der aufgeprägten Störung. Wenn wir die Stabilität dieser Lösung analog wie im Abschnitt 19.2. prüfen, zeigt sich, daß Gl. (19.57) nur unter den Voraussetzungen

$$b^2 > \frac{1}{2} a_0^2 \tag{19.58}$$

und

$$\left(\frac{\alpha}{C} - \frac{1}{RC}\right)^2 \left(1 - \frac{3b^2}{a_0^2}\right)\left(1 - \frac{b^2}{a_0^2}\right) + z^2 > 0 \tag{19.59}$$

eine stabile Schwingung darstellt. Abb. 19.6 zeigt diese Lösung, wobei die Kurven im instabilen Bereich gestrichelt eingezeichnet sind. In dem durch die voll ausgezogenen Linien gegebenen Bereich der Abb. 19.6 schwingt der Sender stabil, jedoch nicht mit seiner Eigenfrequenz ω_0, sondern mit der des äußeren Störsignals.

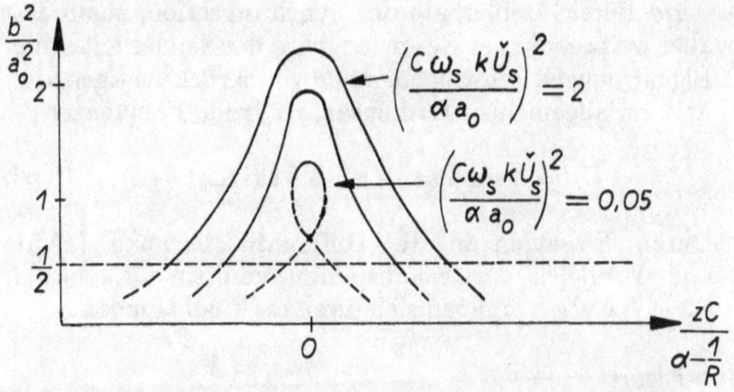

Abb. 19.6. Verhalten eines Senders unter Einfluß einer äußeren Störung, deren Frequenz in der Nähe der Eigenfrequenz des Senders liegt (Synchronisation)

Es handelt sich also um eine Synchronisation (Mitnahmebereich, Schwebungslücke). Für starke Signale läßt sich die Breite dieses Gebietes leicht berechnen. Setzen wir (19.58) mit dem Gleichheitszeichen in Gl. (19.57) ein, so ergibt sich

$$\frac{1}{2}\, a_0^2 \left\{z_M^2 + \left(\frac{\alpha}{C} - \frac{1}{RC}\right)^2 \frac{1}{4}\right\} = \omega_s^2\, k^2\, \check{U}_s^2 \qquad (19.60)$$

oder näherungsweise

$$z_M^2 \approx 2\, \frac{\omega_s^2\, k^2\, \check{U}_s^2}{a_0^2} \qquad (19.61)$$

bzw. mit Gl. (19.55)

$$\omega_{M\pm} \approx \omega_0 \left(1 \pm \frac{k\, \check{U}_s}{a_0 \sqrt{2}}\right). \qquad (19.62)$$

Im Frequenzbereich $\omega_{M-} \leqq \omega_s \leqq \omega_{M+}$ synchronisiert das äußere Signal den Sender, und man kann auf diese Weise die Frequenz eines im freischwingenden Zustand frequenzinstabilen Senders konstant halten, sofern eine genügend stabile Hilfsfrequenz (Quarzuhr) zur Verfügung steht.

Im Bereich außerhalb der Synchronisation, zumindest aber weitab von der Resonanz, wird der Sender mit seiner Eigenfrequenz schwingen, und wir berücksichtigen deshalb im allgemeinen Lösungsansatz beide Frequenzen:

$$U_a = a \sin(\omega_0 t + \alpha) + b \sin(\omega_s t + \beta). \quad (19.63)$$

Durch Einsetzen in die Differentialgleichung (19.51) und Vergleich der Koeffizienten von $\sin \omega_0 t$, $\cos \omega_0 t$, $\sin \omega_s t$, $\cos \omega_s t$ ergeben sich dann die Bedingungen

(1) $\omega_0 - \omega_0 = 0,$

(2) $a\left(1 - \dfrac{a^2 + 2b^2}{a_0^2}\right) = 0,$

(3) $-b\,\dfrac{z}{\omega_s} = k\,\check{U}_s \cos\beta,$

(4) $-\left(\dfrac{\alpha}{C} - \dfrac{1}{RC}\right)\dfrac{b}{\omega_s}\left(1 - \dfrac{b^2 + 2a^2}{a_0^2}\right) = k\,\check{U}_s \sin\beta.$

Während (1) trivialerweise erfüllt ist, liefert (2) entweder $a = 0$, d. h. den schon behandelten Fall der Synchronisation, oder die Beziehung

$$a^2 = a_0^2 - 2b^2. \quad (19.64)$$

Setzen wir dies in die Gleichung ein, die sich ergibt, wenn man die Bedingungen (3) und (4) quadriert und addiert, so folgt

$$b^2\left\{z^2 + \left(\frac{\alpha}{C} - \frac{1}{RC}\right)^2\left(1 - \frac{3b^2}{a_0^2}\right)^2\right\} = \omega_s^2 k^2 \check{U}^2, \quad (19.65)$$

woraus man b als Funktion von z erhält. Mit den Gleichungen (19.64) und (19.63) ist also dann auch die Lösung für das Gebiet außerhalb des Mitnahmebereichs gefunden, wo eine freie und eine erzwungene Schwingung auftritt. Die Amplitude der erzwungenen Schwingung berechnet sich nach Gl. (19.65) und die der freien Schwingung gemäß Gl. (19.64). Für $b^2 > a_0^2/2$ wird die Amplitude der freien Schwingung imaginär [vgl. Gl. (19.64)], und das ist dann gerade der Bereich, in dem Synchronisation auftritt [vgl. (19.58)]. Ergänzen wir die Kurven in Abb. 19.6 durch die Lösung außerhalb des Mitnahmebereichs, indem wir den relativen Effektivwert der Kreisspannung $(a^2 + b^2)/a_0{}^2$ auftragen, so ergeben sich die in Abb. 19.7

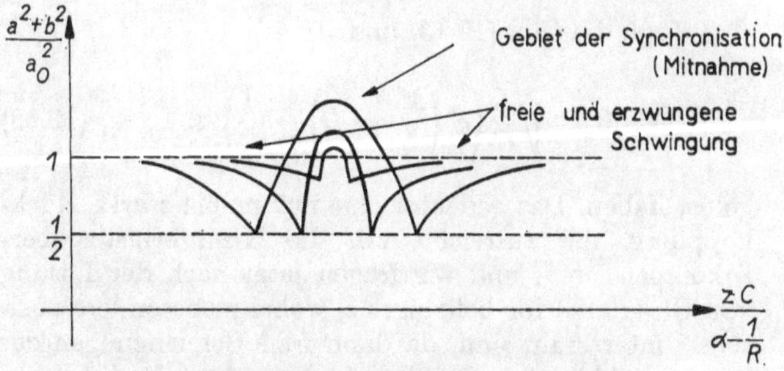

Abb. 19.7. „Resonanzkurven" eines Senders
Die breite Kurve entspricht der stärkeren äußeren Störung

dargestellten „Resonanzkurven" des Senders, wobei die Lösungen für die beiden Gebiete im allgemeinen gut aneinander anschließen, außer bei sehr kleinen Spannungen $\check{U}_s$, für die gewisse instabile Zwischenbereiche auftreten.

Aufgaben:

1. Man beweise die Gleichungen (19.54) und die Stabilitätsbedingungen (19.58) und (19.59).

2. Man beweise, daß der Lösungsansatz (19.63) zu den Forderungen (1) ... (4) führt.

19.4. Erzeugung von Relaxations- (Rechteck-) Schwingungen

Wir gehen von der im Abschnitt 19.1. abgeleiteten van der Polschen Differentialgleichung (19.14) aus:

$$\frac{\mathrm{d}^2 U}{\mathrm{d}\tau^2} - \varepsilon(1 - U^2)\frac{\mathrm{d}U}{\mathrm{d}\tau} + U = 0, \tag{19.66}$$

die wir bislang nur für den Fall

$$0 < \varepsilon \ll 1, \tag{19.67}$$

d. h. [vgl. die Gln. (19.13) und (19.4)]

$$0 < \sqrt{\frac{L}{C}}\left(S\left(\frac{M}{L} - D\right) - \frac{1}{R}\right) \ll 1, \tag{19.68}$$

gelöst haben. Das bedeutet eine nur mäßig starke Rückkopplung, die ausreicht, um die Kreisverluste überzukompensieren, und wir fragen jetzt nach der Lösung von Gl. (19.66) für beliebiges ε, wobei insbesondere positive ε interessant sind, da dann freie Schwingungen des Systems (Abb. 19.1, S. 99) entstehen. Anstatt die Frage einer möglichen analytischen Lösung der van der Polschen Differentialgleichung hier weiter zu verfolgen, wollen wir uns einer halbgraphischen Lösungsmethode bedienen: Wir definieren

$$V = \frac{\mathrm{d}U}{\mathrm{d}\tau}, \tag{19.69}$$

d. h.

$$\frac{\mathrm{d}^2 U}{\mathrm{d}\tau^2} = \frac{\mathrm{d}V}{\mathrm{d}U}\frac{\mathrm{d}U}{\mathrm{d}\tau} = \frac{\mathrm{d}V}{\mathrm{d}U} V, \tag{19.70}$$

und erhalten damit aus Gl. (19.66)

$$\frac{\mathrm{d}V}{\mathrm{d}U} - \varepsilon(1 - U^2) + \frac{U}{V} = 0. \tag{19.71}$$

Um die Lösung $V(U)$ dieser Differentialgleichung zu finden, zeichnen wir zunächst in der V-U-Ebene die folgende Kurvenschar: Wir geben uns für $\mathrm{d}V/\mathrm{d}U$ eine Reihe von Werten (K_l) zwischen $-\infty$ und $+\infty$ vor und erhalten für jeden solchen Wert gemäß Gl. (19.71) eine Kurve

$$V = \frac{U}{\varepsilon(1 - U^2) - K_l} \tag{19.72}$$

(vgl. Abb. 19.8), die alle Punkte der möglichen Lösungen $V(U)$ von Gl. (19.71) miteinander verbindet, für die

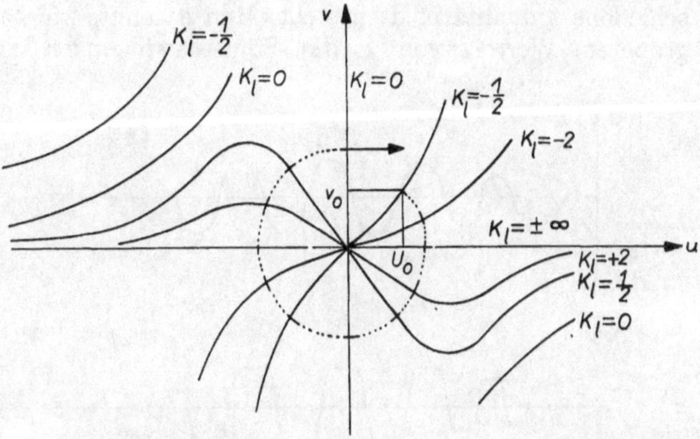

Abb. 19. 8. Zur graphischen Lösung der VAN DER POLschen Differentialgleichung Die ausgezogenen Kurven verbinden alle Punkte, für die die Lösungen $V(U)$ die gleiche Steigung $\mathrm{d}V/\mathrm{d}U$ besitzen (Isoklinen)

$\mathrm{d}V/\mathrm{d}U$ den konstanten Wert K_l besitzt (Isoklinen). Nunmehr können wir in diese Kurvenschar die Lösung $V(U)$ einzeichnen, indem wir in einem Punkt V_0, U_0 (Anfangsbedingung) beginnen und sukzessive fortschreiten, wobei in jedem Schnittpunkt mit einer Isokline die Steigung der Kurve $V(U)$ durch den Parameterwert (K_l) der betreffenden Isokline bestimmt wird (vgl. die punktierte Kurve in Abb. 19.8).

Aus der so ermittelten Funktion $V(U)$ erhalten wir dann leicht durch graphische Integration die Lösung $U(\tau)$ der VAN DER POLschen Differentialgleichung, da auf Grund der Definition (19.69)

$$\tau - \tau_0 = \int_{U_0}^{U} \frac{1}{V} \, \mathrm{d}U \tag{19.73}$$

gilt, wobei wir angenommen haben, daß U zur Zeit τ_0 den Wert U_0 (Anfangswert) besitzt. In Abb. 19.9 sind die Lösungen der VAN DER POLschen Gleichung für verschiedene ε qualitativ dargestellt. Man erkennt, wie bei größeren Werten von ε die Sinusschwingungen zu

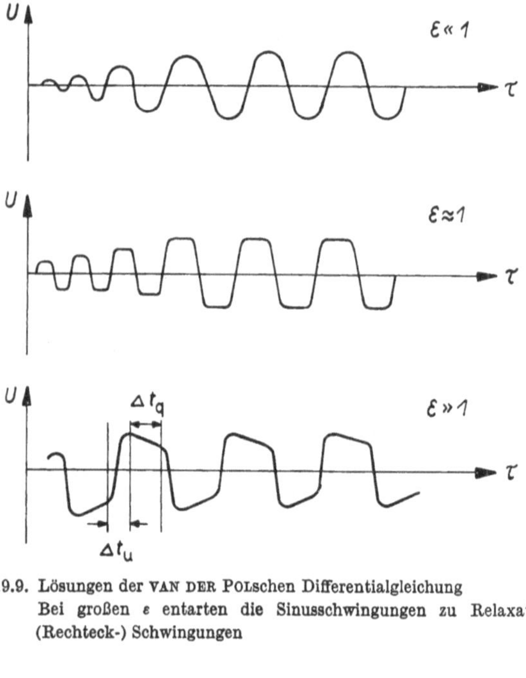

Abb. 19.9. Lösungen der VAN DER POLschen Differentialgleichung
Bei großen ε entarten die Sinusschwingungen zu Relaxations-(Rechteck-) Schwingungen

Relaxationsschwingungen entarten. Bei diesen Relaxations- oder Rechteckschwingungen, die in der Praxis durch sogenannte Multivibratorschaltungen realisiert werden können, wird die Endamplitude (wegen der starken Rückkopplung) im allgemeinen schon nach einer Periode erreicht. Außerdem besitzen derartige Generatoren nur eine geringe Frequenzstabilität [starker Oberwellengehalt, vgl. Gl. (19.32)ff.] und lassen sich relativ leicht synchronisieren (breiter Mitnahmebereich, vgl. Abschnitt 19.3.), weshalb sie zur Frequenzteilung verwendet werden können.

Es muß aber betont werden, daß die analytische Behandlung derartiger Multivibratoren im allgemeinen wesentlich einfacher durch Zerlegung der Periode in einzelne Zeitabschnitte möglich ist (Umschaltvorgang Δt_u und quasistabiler Zustand Δt_q, vgl. Abb. 19.9) als durch Aufstellung und Lösung einer in jedem Zeitpunkt gültigen Differentialgleichung. In diesem Zusammenhang sei auf eine Arbeit von Kohn [K 1] hingewiesen, in der auch weitere Literatur zur nichtlinearen Theorie elektrischer Schwingungen zitiert ist.

20. Modulation

Außer der direkten Übertragung eines Nachrichtenstromes (z. B. des Sprechstroms eines Mikrophons, des Thermostroms eines Thermoelements usw.) besteht die Möglichkeit, den Nachrichtenstrom zunächst einem Träger aufzumodulieren, den man dann weiter verstärkt und am Empfangsort wieder demoduliert. Hiervon macht man bekanntlich bei der drahtlosen Nachrichtenübertragung (Rundfunk usw.) Gebrauch, da sich hochfrequente elektromagnetische Wellen im freien Raum ausbreiten können, während für die unmittelbare Übertragung eines Mikrophonstroms beispielsweise elektrische Leitungen notwendig wären.

Die Verwendung von Trägern gestattet es außerdem, mehrere Nachrichten gleichzeitig über eine Leitung zu schicken (z. B. Trägerfrequenztelephonie).

Als Träger kann man dabei entweder eine sinusförmige Welle verwenden und deren Amplitude oder Frequenz bzw. Phase modulieren, d. h. proportional dem Nachrichtenstrom ändern, oder man geht von einer äquidistanten Folge von Impulsen gleicher Amplitude und Breite aus und moduliert Amplitude, Breite, Abstand oder Einsatzpunkt. Daneben gibt es noch die sogenannte Impulscodemodulation, wo jedem Wert des Nachrichtenstroms (nach Zerlegung in diskrete Stufen) eine Gruppe von Impulsen bestimmter Anordnung entspricht, z. B. analog zum Morsealphabet.

Wir wollen uns aber hier im wesentlichen nur mit der Modulation von Sinuswellen beschäftigen und beginnen zunächst mit der gewöhnlichen Amplitudenmodulation:

Der Nachrichtenstrom

$$I_N = \check{I}_\Omega \cos \Omega t \tag{20.1}$$

soll dem Träger

$$I = \check{I}_0 \cos \omega t \tag{20.2}$$

aufmoduliert werden. Dann ergibt sich (vgl. S. 135) für den modulierten Träger

$$\begin{aligned} I_{mod} &= (\check{I}_0 + \check{I}_\Omega \cos \Omega t) \cos \omega t \\ &= \check{I}_0 (1 + m \cos \Omega t) \cos \omega t \end{aligned} \tag{20.3}$$

mit dem sogenannten Modulationsgrad

$$m = \frac{\check{I}_\Omega}{\check{I}_0}. \tag{20.4}$$

Ω wird dabei als Modulationsfrequenz und ω als Trägerfrequenz ($\omega \gg \Omega$) bezeichnet. Aus Gl. (20.3) folgt nach

Ausmultiplikation und Anwendung des Additionstheorems

$$I_{\text{mod}} = \check{I}_0 \cos \omega t + \frac{\check{I}_0 m}{2} \cos(\omega + \Omega)t + \\ + \frac{\check{I}_0 m}{2} \cos(\omega - \Omega)t. \tag{20.5}$$

Man sieht, daß das FOURIER-Spektrum des modulierten Trägers aus dem Träger selbst ($\check{I}_0 \cos \omega t$) und zwei symmetrisch liegenden Seitenfrequenzen besteht (vgl. Abb. 20.1*a*). Wird der Träger an Stelle von I_N nach Gl. (20.1) mit einem beliebigen Nachrichtenstrom moduliert, so entstehen entsprechend viele Seitenfrequenzen bzw. bei nichtperiodischen Nachrichtenströmen zwei Frequenzbänder, da wir uns den Nachrichtenstrom zunächst nach FOURIER zerlegt und dann die Komponenten einzeln aufmoduliert denken können (vgl. Abb. 20.1*b*). Wichtig ist dabei, daß dieses Spektrum symmetrisch zur Träger-

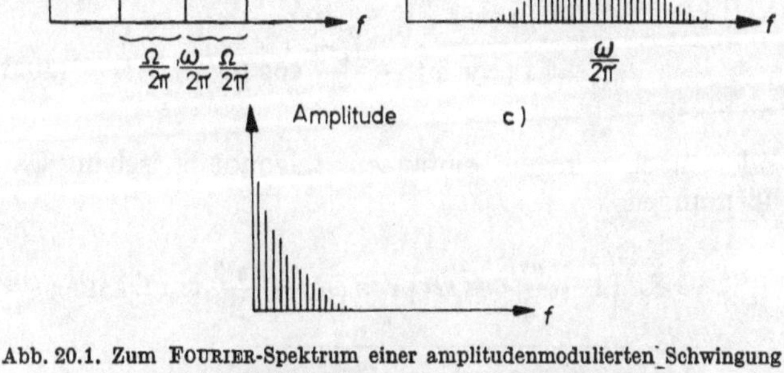

Abb. 20.1. Zum FOURIER-Spektrum einer amplitudenmodulierten Schwingung *a*) sinusförmige Modulation, wobei Ω die Modulationsfrequenz und m den Modulationsgrad bezeichnet; *b*) bei Modulation mit einem Nachrichtenstrom, dessen FOURIER-Spektrum in *c*) dargestellt ist

frequenz ist und daß die obere Hälfte unmittelbar das Fourier-Spektrum des Nachrichtenstromes wiedergibt, wenn man von den einzelnen Frequenzen die Trägerfrequenz subtrahiert.

Es ergibt sich also das wichtige Resultat, daß das Fourier-Spektrum des Nachrichtenstromes durch die Modulation lediglich auf der Frequenzachse bis zur Trägerfrequenz verschoben und außerdem daran gespiegelt wird.

Um einen modulierten Träger zu übertragen, genügt es demnach nicht, den Verstärker so zu dimensionieren, daß die Trägerfrequenz allein verstärkt wird, sondern es muß das gesamte Band (oder wenigstens ein Seitenband, s. unten) verstärkt werden, weil gerade die Seitenbänder die Information enthalten, während der Träger allein nur eine unmodulierte Schwingung darstellt. Da das Frequenzspektrum symmetrisch zur Trägerfrequenz ist, kann man vermuten, daß schon die eine Hälfte zur Übertragung des gesamten Nachrichteninhaltes genügt (Einseitenbandübertragung). Wie wir bei der Behandlung der Gleichrichtung (Abschnitt 21.2.) noch sehen werden, ist diese Vermutung richtig, und es sei hier nur die Zeitabhängigkeit des modulierten Trägers aufgeschrieben, wenn z. B. durch Filter die untere Seitenfrequenz unterdrückt wird: Aus Gl. (20.5) folgt zunächst

$$I^{(E)}_{mod} = \check{I}_0 \cos \omega t + \frac{\check{I}_0 m}{2} \cos (\omega + \Omega) t \qquad (20.6)$$

oder nach einigen einfachen trigonometrischen Umformungen

$$I^{(E)}_{mod} = \check{I}_0 \left(1 + \frac{m}{2} \cos \Omega t\right) \cos \omega t - \frac{\check{I}_0 m}{2} \sin \Omega t \sin \omega t =$$

$$= \check{I}_0 \sqrt{\left(1 + \frac{m}{2} \cos \Omega t\right)^2 + \left(\frac{m}{2} \sin \Omega t\right)^2} \cos [\omega t + \varphi(t)] \qquad (20.7)$$

mit

$$\tan\varphi(t) = \frac{\frac{m}{2}\sin\Omega t}{1+\frac{m}{2}\cos\Omega t}, \tag{20.8}$$

d. h., die amplitudenmodulierte Schwingung bei Einseitenbandunterdrückung stellt eigentlich eine amplituden- und phasenmodulierte Schwingung dar.

Zur Diskussion der Frequenz- und Phasenmodulation schreiben wir zunächst für den modulierten Träger allgemein

$$I_{\text{mod}} = \check{I}_0 \cos\alpha(t). \tag{20.9}$$

Dann ist bei Phasenmodulation

$$\alpha(t) = \alpha_0 + \alpha_N \cos\Omega t \quad \text{mit} \quad \alpha_0 = \omega t \tag{20.10}$$

und bei Frequenzmodulation (da die Frequenz als zeitliche Ableitung des Phasenwinkels definiert ist)

$$\frac{\mathrm{d}\alpha(t)}{\mathrm{d}t} = \beta_0 + \beta_N \cos\Omega t \quad \text{mit} \quad \beta_0 = \omega \tag{20.11}$$

anzusetzen, wobei α_N als Phasenhub und β_N als Frequenzhub bezeichnet wird. Setzen wir Gl. (20.10) in die Beziehung (20.9) ein, so folgt für die phasenmodulierte Schwingung

$$I_{\text{mod}} = \check{I}_0 \cos(\omega t + \alpha_N \cos\Omega t) \tag{20.12}$$

und analog mit Gl. (20.11) für die frequenzmodulierte Schwingung

$$I_{\text{mod}} = \check{I}_0 \cos\int_0 \frac{\mathrm{d}\alpha(t)}{\mathrm{d}t}\,\mathrm{d}t = $$

$$= \check{I}_0 \cos\left(\omega t + \frac{\beta_N}{\Omega}\sin\Omega t\right). \tag{20.13}$$

Der einzige Unterschied besteht also in der Tatsache, daß bei der Phasenmodulation die maximale Phasenabweichung (α_N) nicht von der Modulationsfrequenz abhängt, während sie bei der Frequenzmodulation (β_N/Ω) umgekehrt proportional zur Modulationsfrequenz ist. Wir fragen nun nach dem Bandbreitebedarf bei der Übertragung einer frequenzmodulierten Schwingung, d. h. der FOURIER-Entwicklung von Gl. (20.13). Dazu gehen wir aus von den Beziehungen

$$\exp(j\,\varrho \sin\varphi) = \sum_{n=-\infty}^{+\infty} J_n(\varrho) \exp(j n \varphi), \qquad (20.14)$$

$$J_{-2s} = J_{2s}, \; J_{-(2s+1)} = -J_{2s+1} \text{ mit } s = 0, 1, 2, \ldots, \qquad (20.15)$$

in denen J_n die BESSEL-Funktion n-ter Ordnung bezeichnet [S 3]. Durch Trennung von Real- und Imaginärteil in Gl. (20.14) und unter Beachtung von Gl. (20.15) erhalten wir daraus

$$\cos(\varrho \sin\varphi) = J_0(\varrho) + 2 \sum_{s=1}^{\infty} J_{2s}(\varrho) \cos 2s\varphi \qquad (20.16)$$

und

$$\sin(\varrho \sin\varphi) = 2 \sum_{s=0}^{\infty} J_{2s+1}(\varrho) \sin(2s+1)\varphi. \qquad (20.17)$$

Diese beiden Gleichungen verwenden wir zur Umformung der frequenzmodulierten Schwingung [Gl. (20.13)]

$$\begin{aligned} I_{\text{mod}} &= \check{I}_0 \cos\left(\omega t + \frac{\beta_N}{\Omega} \sin \Omega t\right) = \\ &= \check{I}_0 \cos\omega t \cos\left(\frac{\beta_N}{\Omega} \sin\Omega t\right) - \\ &- \check{I}_0 \sin\omega t \sin\left(\frac{\beta_N}{\Omega} \sin\Omega t\right) \end{aligned} \qquad (20.18)$$

und erhalten

$$I_{\text{mod}} = \check{I}_0 \cos \omega t \left\{ J_0\left(\frac{\beta_N}{\Omega}\right) + 2 \sum_{s=1}^{\infty} J_{2s}\left(\frac{\beta_N}{\Omega}\right) \cos 2s\Omega t \right\} -$$

$$- \check{I}_0 \sin \omega t \left\{ 2 \sum_{s=0}^{\infty} J_{2s+1}\left(\frac{\beta_N}{\Omega}\right) \sin (2s+1)\Omega t \right\}. \tag{20.19}$$

Wenn wir die Produkte der hierin auftretenden trigonometrischen Funktionen mit den bekannten Additionstheoremen durch Summen und Differenzen ersetzen und Gl. (20.15) beachten, folgt

$$I_{\text{mod}} = \check{I}_0 \left\{ J_0\left(\frac{\beta_N}{\Omega}\right) \cos \omega t + \sum_{n=1}^{\infty} J_n\left(\frac{\beta_N}{\Omega}\right) \cos (\omega + n\Omega) t \right.$$

$$\left. + \sum_{n=1}^{\infty} J_{-n}\left(\frac{\beta_N}{\Omega}\right) \cos (\omega - n\Omega) t \right\}. \tag{20.20}$$

Diese Gleichung stellt die gesuchte FOURIER-Zerlegung der frequenzmodulierten Schwingung (20.13) dar, wobei $J_n(\beta_N/\Omega)$ die BESSEL-Funktion n-ter Ordnung mit dem Argument β_N/Ω bezeichnet. Wir erhalten also ein Spektrum, das selbst bei einfacher sinusförmiger Modulation mit der Frequenz Ω nicht nur aus den Komponenten ω und $\omega \pm \Omega$ besteht, sondern alle Frequenzen $\omega \pm n\Omega$ (mit $n = 0, 1, \ldots$) enthält. Da für die BESSEL-Funktionen $J_n(\varrho)$ für $\varrho \ll 1$ und $n \geqq 0$ allgemein

$$J_n(\varrho) \approx \frac{\varrho^n}{n!\, 2^n} \tag{20.21}$$

gilt (vgl. [J 1]), können wir bei kleinem Phasenhub, d. h. $\beta_N \ll \Omega$, unter Beachtung von Gl. (20.15) für die Gl. (20.20) näherungsweise schreiben

$$I_{\text{mod}} = \check{I}_0 \cos \omega t + \check{I}_0 \frac{\beta_N}{2\Omega} \cos (\omega + \Omega) t -$$

$$- \check{I}_0 \frac{\beta_N}{2\Omega} \cos (\omega - \Omega) t, \tag{20.22}$$

was bis auf das Vorzeichen mit der FOURIER-Zerlegung der amplitudenmodulierten Schwingung (20.5) übereinstimmt. Da in der Praxis im allgemeinen nicht mit einem kleinen Phasenhub gearbeitet wird, ist der Bandbreitebedarf bei der Frequenzmodulation ein Mehrfaches des Bedarfs bei der Amplitudenmodulation.

Auf die Frage nach der erforderlichen Bandbreite bei den verschiedenen Impulsmodulationen wollen wir hier im einzelnen nicht näher eingehen, sondern nur einige allgemeine Betrachtungen über das FOURIER-Spektrum von Rechteckimpulsen und von Impulsfolgen schlechthin anschließen. Wir betrachten zunächst die sogenannte Sprungfunktion (vgl. Abb. 20.2), um die Bandbreite zu

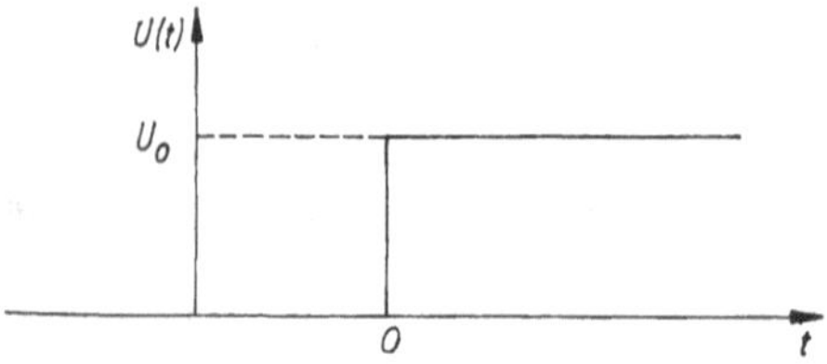

Abb. 20.2. Sprungfunktion

bestimmen, die ein Verstärker besitzen muß, damit die Anstiegszeit seiner Ausgangsspannung einen vorgegebenen Wert nicht überschreitet, wenn am Eingang die Sprungfunktion anliegt. Derartige Fragen spielen u. a. bei genauen Zeitmessungen (z. B. in der Kernphysik) eine große Rolle, da es hierbei auf möglichst steile Spannungsänderungen, d. h. scharf definierte Zeitpunkte, ankommt. Die Sprungfunktion ist definiert durch (vgl. Abb. 20.2)

$$U(t) = \begin{cases} 0 & \text{für} \quad t < 0 \\ U_0 & \text{für} \quad t > 0 \end{cases} \tag{20.23}$$

und kann mit Hilfe des sogenannten DIRICHLETschen Integrals dargestellt werden durch

$$U(t) = U_0 \left(\frac{1}{2} + \frac{1}{\pi} \int_0^\infty \frac{\sin \omega t}{\omega} \, \mathrm{d}\omega\right), \tag{20.24}$$

da für dieses Integral

$$\int_0^\infty \frac{\sin \omega t}{\omega} \, \mathrm{d}\omega = \begin{cases} -\frac{\pi}{2} \text{ für } t < 0 \\ 0 \text{ für } t = 0 \\ +\frac{\pi}{2} \text{ für } t > 0 \end{cases} \tag{20.25}$$

gilt. Mit Gl. (20.24) haben wir aber auch das kontinuierliche FOURIER-Spektrum dieser Sprungfunktion vorliegen, und wir sehen, daß die Amplituden der einzelnen Komponenten umgekehrt proportional mit ihrer Frequenz abnehmen. Wenn wir eine solche Sprungfunktion also an den Eingang eines Verstärkers legen, dessen Betrag der Verstärkung $V(f)$ ist und der eine Phasenverschiebung $\varphi(f)$ bei der Frequenz f erzeugt, d. h., dessen Verstärkung in der komplexen Darstellung durch

$$\underline{V}(f) = V(f) \exp\{j\varphi(f)\} \tag{20.26}$$

gegeben wird, so erhalten wir als Ausgangsspannung

$$U_{ausg} = U_0 \left[\frac{1}{2} V(0) + \frac{1}{\pi} \int_0^\infty V(f) \frac{\sin\{\omega t + \varphi(f)\}}{\omega} \, \mathrm{d}\omega\right]. \tag{20.27}$$

Nehmen wir nun der Einfachheit halber

$$\left.\begin{aligned} V(f) &= \begin{cases} V_0 & \text{für } 0 \leqq \omega < \omega_{gr}, \\ 0 & \text{für } \omega > \omega_{gr}, \end{cases} \\ \varphi(f) &= 0 \qquad \text{für alle } \omega \end{aligned}\right\} \tag{20.28}$$

an, wobei ω_{gr} aus ersichtlichen Gründen als Grenzfrequenz bezeichnet wird, so ergibt sich

$$\begin{aligned} U_{ausg} &= U_0 V_0 \left(\frac{1}{2} + \frac{1}{\pi} \int_0^{\omega_{gr}} \frac{\sin \omega t}{\omega} \, \mathrm{d}\omega \right) = \\ &= U_0 V_0 \left[\frac{1}{2} + \frac{1}{\pi} \mathrm{Si}\,(\omega_{gr}\, t) \right]. \end{aligned} \tag{20.29}$$

$\mathrm{Si}(\omega_{gr} t)$ bezeichnet dabei den sogenannten Integralsinus, der durch die Beziehung

$$\int_0^{x_0} \frac{\sin x}{x} \, \mathrm{d}\, x = \mathrm{Si}(x_0) \tag{20.30}$$

definiert und beispielsweise bei JAHNKE-EMDE [J 1] tabelliert ist. Abb. 20.3 zeigt qualitativ den Verlauf der Ausgangsspannung U_{ausg} als Funktion der Zeit, und wir bemerken zunächst einen „Schönheitsfehler" unseres Resultates, daß nämlich schon für $t < 0$ eine Ausgangsspannung vorliegt, das Kausalitätsprinzip also verletzt ist. Dies liegt an der willkürlich gewählten Frequenzabhängigkeit der Verstärkung [Gln. (20.28)] und beweist, daß ein derartiger Verstärker nicht realisiert werden kann. (Aus solchen Überlegungen lassen sich also Bedingungen ableiten, denen $V(f)$ und $\varphi(f)$ genügen müssen, damit der Verstärker realisierbar ist, vgl. z. B. Teil I, Abschnitt 6.1.).

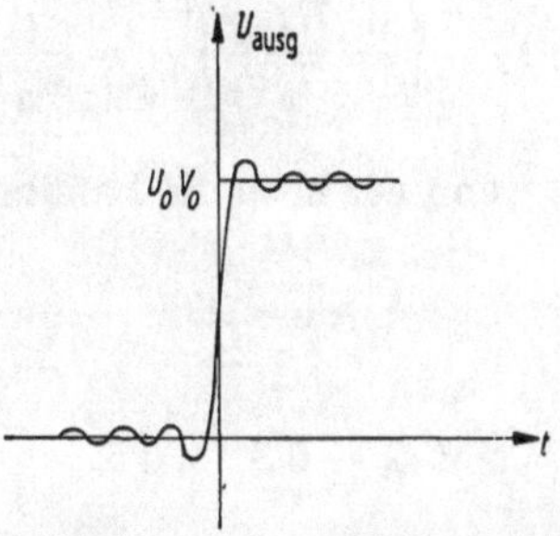

Abb. 20.3. Ausgangsspannung eines Verstärkers mit stark vereinfachter Charakteristik [Gl. (20.28)], wenn die Eingangsspannung durch eine Sprungfunktion gegeben wird

Im Prinzip ist diese Tatsache aber für die folgenden Überlegungen unwesentlich [W 1] und soll deshalb unberücksichtigt bleiben. Entscheidend ist nämlich an dem Verlauf der Ausgangsspannung nach Gl. (20.29), daß aus dem Spannungssprung am Eingang ein mit abnehmender Grenzfrequenz immer flacher werdender Anstieg wird, der zu Ungenauigkeiten bei Zeitmessungen (z. B. durch Ansteuern eines Multivibrators mit einer gewissen Breite der Ansprechschwelle) führt.

Als Anstiegszeit der Ausgangsspannung lassen sich verschiedene Größen definieren, z. B. die Zeit (t_{A1}) zwischen 10% und 90% des Endwertes oder das Intervall (t_{A2}) von $t = 0$ bis zu dem Zeitpunkt, wo U_{ausg} erstmalig den Endwert $U_0 V_0$ erreicht, oder die reziproke maximale Steigung der durch den Endwert dividierten Ausgangsspannung (t_{A3}) usw. Man erhält für die drei genannten Größen leicht aus Gl. (20.29) und der Tabelle des Integralsinus

$$t_{A1} \approx \frac{2{,}8}{\omega_{gr}}, \qquad (20.31)$$

$$t_{A2} \approx \frac{2}{\omega_{gr}}; \qquad (20.32)$$

$$t_{A3} = \left(\frac{\mathrm{d}}{\mathrm{d}t} \frac{U_{\mathrm{ausg}}}{U_0 V_0}\right)^{-1}_{t=0} = \frac{\pi}{\omega_{\mathrm{gr}}} \tag{20.33}$$

oder im Mittel, wenn wir noch die Bandbreite

$$B = \frac{\omega_{\mathrm{gr}}}{2\pi} \tag{20.34}$$

einführen,

$$B t_{\mathrm{A}} \approx 0{,}3 \ldots 0{,}5 . \tag{20.35}$$

Wenn also beispielsweise am Verstärkerausgang noch eine Anstiegszeit von 10^{-9} s gefordert wird, dann muß die Bandbreite gemäß Gl. (20.35) zwischen 300 und 500 MHz liegen.

Mit Hilfe des DIRICHLETschen Integrals bzw. der Darstellung (20.24) lassen sich leicht die FOURIER-Spektren von sprunghaft verlaufenden Zeitfunktionen aufschreiben. Wir zeigen dies am Spektrum eines Rechteckimpulses: Durch einfache Verschiebung der Zeitachse erhalten wir zunächst aus Gl. (20.25) die Darstellung einer Sprung-

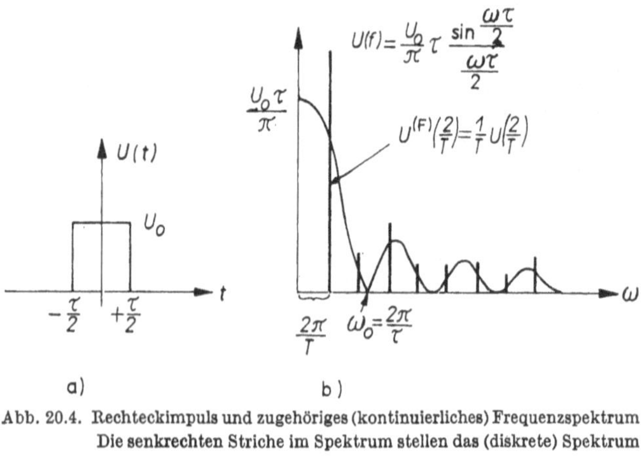

Abb. 20.4. **Rechteckimpuls und zugehöriges (kontinuierliches) Frequenzspektrum Die senkrechten Striche im Spektrum stellen das (diskrete) Spektrum einer äquidistanten Folge (Abstand T) derartiger Impulse dar [vgl. Gl. (20.41)]**

funktion, deren Sprung zum Zeitpunkt t_1 erfolgt:

$$U(t) = U_0\left(\frac{1}{2} + \frac{1}{\pi}\int_0^\infty \frac{\sin\omega(t - t_1)}{\omega}\,\mathrm{d}\omega\right). \quad (20.36)$$

Wenn wir davon einen gleichgroßen Spannungssprung zur Zeit $t_1 + \tau$ subtrahieren (das ergibt also einen Rechteckimpuls mit der Breite τ und der Amplitude U_0) und der Einfachheit halber $t_1 = -\tau/2$ setzen, dann erhalten wir (vgl. Abb. 20.4 *a*)

$$U_{\sqcap}(t) = U_0\frac{1}{\pi}\int_0^\infty \frac{\sin\omega\left(t + \frac{\tau}{2}\right) - \sin\omega\left(t - \frac{\tau}{2}\right)}{\omega}\,\mathrm{d}\omega =$$

$$= U_0\,\frac{1}{\pi}\int_0^\infty \tau\,\frac{\sin\frac{\omega\tau}{2}}{\frac{\omega\tau}{2}}\cos\omega t\,\mathrm{d}\omega. \quad (20.37)$$

Abb. 20.4 *b* stellt dieses Spektrum dar. Man sieht, daß der Beitrag der Komponenten jenseits der ersten Nullstelle $(\omega_0\tau/2 = \pi)$ vernachlässigt werden kann, und erhält damit als Beziehung zwischen der Breite τ des Rechteckimpulses und der Breite $B = \omega_0/2\pi$ seines Fourier-Spektrums

$$B\tau = 1. \quad (20.38)$$

Diese Gleichung gilt näherungsweise auch für alle hinreichend steilen Impulse, wie man leicht an Hand einfacher Beispiele nachprüfen kann.

Wenn das Spektrum eines Einzelimpulses bekannt ist, dann läßt sich leicht das Spektrum einer äquidistanten

Folge dieser Impulse bestimmen: Wir nehmen an, daß T der Abstand der Impulse ist und daß sie sich nicht überlappen. Dann können wir für das Spektrum eines Einzelimpulses schreiben (vgl. Teil I, Abschnitt 1.3., wobei $\pm\infty$ durch $\pm T/2$ ersetzt wird, da zu diesen Zeiten der Impuls abgeklungen sein soll)

$$U(f) = \int_{-T/2}^{+T/2} U(t) \exp(-j \cdot 2\pi f t)\,\mathrm{d}t. \tag{20.39}$$

Andererseits gilt aber für die Impulsfolge (vgl. Teil I, Abschnitt 1.3.)

$$U^{(F)}\left(\frac{n}{T}\right) = \frac{1}{T}\int_{-T/2}^{+T/2} U(t) \exp\left(-j \cdot 2\pi \frac{n}{T} t\right)\mathrm{d}t \tag{20.40}$$

oder, wenn wir das Integral hierbei nach Gl. (20.39) ersetzen,

$$U^{(F)}\left(\frac{n}{T}\right) = \frac{1}{T}\, U\left(\frac{n}{T}\right). \tag{20.41}$$

Man erhält also das FOURIER-Linienspektrum einer Impulsfolge einfach dadurch, daß man dem kontinuierlichen Spektrum des Einzelimpulses die Amplituden mit den Frequenzen n/T entnimmt und durch T dividiert. Dieser Satz [Gl. (20.41)] gilt allgemein und erfordert nicht die hier der Einfachheit halber verwendete Voraussetzung, daß sich die Impulse nicht überlappen dürfen.

Aufgaben:

1. Man beweise die Gleichung (20.41) allgemein.

2. Prüfe die Beziehung (20.38) für eine GAUSS- und eine LORENTZ-Kurve

$$\left[U_G = \sqrt{\frac{a}{\pi}} \exp(-at^2), \qquad U_L = \frac{\sqrt{a}}{\pi}(1 + at^2)^{-1}\right].$$

Zum Abschluß dieses Abschnitts seien noch einige Hinweise zu den Modulationsschaltungen angefügt: Eine Amplitudenmodulation erhält man am einfachsten, indem man den Träger und die (niederfrequente) Nachricht gemeinsam auf ein nichtlineares Glied gibt und in der folgenden Verstärkung die niederfrequenten Anteile und die Oberwellen des Trägers wegsiebt:

Die Kennlinie des nichtlinearen Gliedes nähern wir durch die ersten beiden Terme der Reihenentwicklung an,

$$I = a\,U + b\,U^2, \tag{20.42}$$

und setzen für U

$$U = \check{U}_0 \cos \omega t + \check{U}_\Omega \cos \Omega t \tag{20.43}$$

ein. Dann ergibt sich sofort

$$\begin{aligned} I = a\,\check{U}_0 \left(1 + \frac{2b}{a}\,\check{U}_\Omega \cos \Omega t\right) \cos \omega t \,+ \\ + \, a\,\check{U}_\Omega \cos \Omega t + b\,\check{U}_\Omega^2 \cos^2 \Omega t \,+ \\ + \, b\,\check{U}_0^2 \cos^2 \omega t, \end{aligned} \tag{20.44}$$

wobei der erste Term die amplitudenmodulierte Schwingung darstellt [vgl. Gl. (20.3)] und die übrigen Terme nur Gleichstrom und niederfrequente Anteile sowie Oberwellen des Trägers erzeugen, die weggesiebt werden. Durch geeignete Zusammenschaltung nichtlinearer Glieder lassen sich auch schon von vornherein bestimmte Frequenzen, z. B. das eine Seitenband, der Träger, bestimmte Oberwellen usw., unterdrücken, wobei das Prinzip das gleiche wie bei der Gegentaktschaltung (vgl. Abschnitt 17) ist. Als Beispiel zeigt Abb. 20.5 den sogenannten Ringmodulator mit dem zugehörigen Spektrum.

Bei der Erzeugung von frequenzmodulierten Schwingungen benötigt man Blindwiderstände (Änderung der Resonanzbedingung!), die sich praktisch trägheitslos

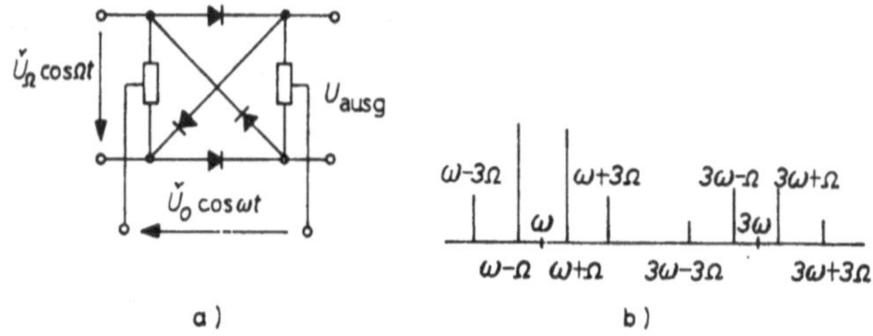

Abb. 20.5. Ringmodulator (*a*) und Spektrum (*b*) der Ausgangsspannung

durch den Nachrichtenstrom regeln lassen. Auf Grund dieser Forderung kommen hierfür in erster Linie die im Abschnitt 15 erwähnten Reaktanzröhrenschaltungen in Frage.

Für die verschiedenen Impulsmodulationen (Amplituden-, Breiten-, Einsatzpunktmodulation usw.) werden Spezialschaltungen, z. B. Multivibratoren, verwendet, bei denen sich durch Steuerung von geeigneten Vorspannungen die gewünschten Änderungen in den erzeugten Impulsfolgen erzielen lassen.

21. Gleichrichtung

Wesentlich für den Gleichrichtereffekt ist ein nichtlineares Glied, d. h. ein Bauelement, bei dem kein linearer Zusammenhang zwischen Strom und Spannung besteht, z. B. Elektronenröhren, Kristalldioden, Selengleichrichter usw.

Die beiden Hauptprobleme der Gleichrichtung sind:

1. die Erzeugung von Gleichspannung aus Wechselspannungen (Netzgleichrichter), wo analog zum Sendeverstärker der Wirkungsgrad maßgebend ist und Verzerrungen keine Rolle spielen, und

2. die Demodulation, d. h. die Rückgewinnung der niederfrequenten Nachricht aus dem modulierten Träger (Signalgleichrichter), wo analog zum Endverstärker der Wirkungsgrad bedeutungslos ist, aber die Verzerrungen möglichst klein bleiben sollen.

Beim Signalgleichrichter kann man wiederum zwei Fälle unterscheiden, und zwar:

a) die Gleichrichtung „kleiner" Hochfrequenzspannungen. Hierbei arbeitet man stets im A-Betrieb, d. h. mit einem Stromflußwinkel $\Theta = 180°$ [vgl. Gl. (18.1)], und kann demzufolge bei der mathematischen Behandlung von einer Reihenentwicklung der Kennlinie im Arbeitspunkt ausgehen. Man ersetzt dann die auftretenden Potenzen der trigonometrischen Funktionen mittels der Additionstheoreme durch die trigonometrischen Funktionen der Summen- und Differenzfrequenzen und diskutiert deren Amplituden. Die Behandlung läuft also völlig analog wie beim Endverstärker (Abschnitt 17), weshalb wir hier auf eine genauere Darstellung verzichten können.

b) die Gleichrichtung „großer" Hochfrequenzspannungen. In diesem Fall arbeitet man im AB-, B- und C-Betrieb (also $\Theta < 180°$), und die mathematische Behandlung bereitet im allgemeinen größere Schwierigkeiten (s. unten, Abschnitt 21.2.).

21.1. Netzgleichrichter

Ein Netzgleichrichter besteht aus der Zusammenschaltung eines nichtlinearen Gliedes (Diode) und eines Speicherelementes, das für eine Stromlieferung sorgt, wenn die Transformatorspannung zu niedrigeren Werten absinkt. Abb. 21.1 zeigt die beiden prinzipiellen Möglichkeiten an Hand eines einfachen Einweggleichrichters, wobei an den Ausgang in den meisten Fällen noch ein *RC*- oder *LC*-Siebglied (Integrierglied) angeschaltet wird.

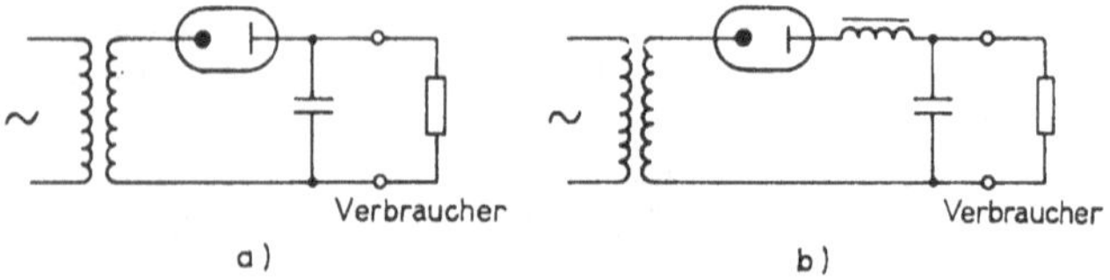

Abb. 21.1. Einweggleichrichter
a) mit Pufferkapazität; *b)* mit Drossel

Der in Abb. 21.1 *b* dargestellte Netzgleichrichter mit Drossel besitzt in der Zweiwegschaltung den Vorteil, daß bei größeren Belastungen die Ausgangsspannung weniger stark von der Belastung abhängt als bei dem Netzgleichrichter mit Pufferkapazität (Abb. 21.1 *a*), jedoch ist die Spannung kleiner und sinkt bei geringen Belastungen sehr stark mit der Stromentnahme. Da außerdem der

Tabelle 21.1. Die gebräuchlichsten Netzgleichrichterschaltungen

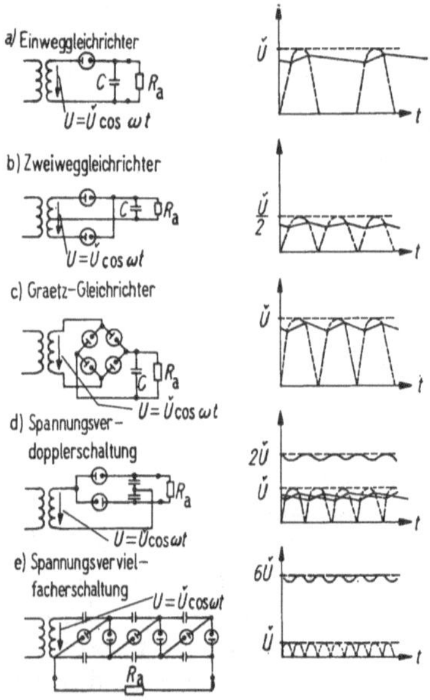

Netzgleichrichter mit Pufferkapazität für Verbraucher geringen Strombedarfs (unter etwa 1 A) wesentlich häufiger Verwendung findet, beschränken wir uns im folgenden ausschließlich auf diese Schaltung. In Tab. 21.1 sind die Prinzipschaltbilder der gebräuchlichsten Gleichrichterschaltungen zusammengestellt, wobei R_a den Widerstand des Verbrauchers bezeichnet und der Spannungsverlauf im nebenstehenden Diagramm (ausgezogene Linie) die Ausgangsspannung wiedergibt.

Da eine exakte Berechnung beim Netzgleichrichter den Aufwand nicht lohnt, begnügen wir uns im folgenden mit Näherungen und ersetzen insbesondere den Spannungsverlauf durch einzelne Geradenstücke. Abb. 21.2 zeigt für

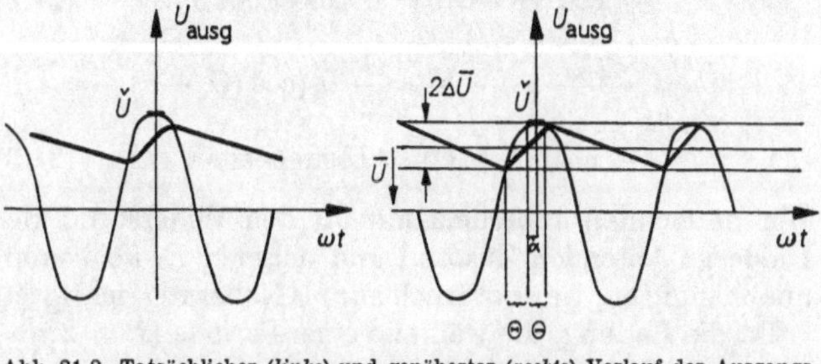

Abb. 21.2. Tatsächlicher (*links*) und genäherter (*rechts*) Verlauf der Ausgangsspannung beim Einweggleichrichter
Die Sinuskurve stellt die Sekundärspannung des Transformators dar; Θ ist der Stromflußwinkel und α der Unsymmetriewinkel

den Einweggleichrichter (vgl. Tab. 21.1*a*) links den tatsächlichen und rechts den genäherten Verlauf der Ausgangsspannung U_{ausg}, die am Verbraucherwiderstand R_a anliegt.

Solange die Sinuskurve (Sekundärspannung des Transformators) unter der Ausgangsspannung bleibt, ist die Diode gesperrt, und der Kondensator wird über R_a entladen. Wenn dagegen die Sekundärspannung höher als die Ausgangsspannung ist, leitet die Diode und lädt den Kondensator auf (U_{ausg} wächst an). Nennen wir das zugehörige Zeitintervall während einer Periode Δt, dann bezeichnen wir wieder die Größe

$$\Theta = \frac{1}{2}\,\omega\Delta t \tag{21.1}$$

als Stromflußwinkel und führen noch zusätzlich den sogenannten Unsymmetriewinkel α ein, da das Zeitintervall Δt im allgemeinen nicht symmetrisch zum Maximum der Sekundärspannung des Transformators liegt. Wie man aus Abb. 21.2 leicht entnehmen kann, gilt

$$\overline{U} = \frac{U_{\text{ausg}}^{\max} + U_{\text{ausg}}^{\min}}{2} = \frac{1}{2}\,\check{U}\,(\cos(\Theta + \alpha) + \\ + \cos(\Theta - \alpha)) = \check{U}\cos\Theta\cos\alpha\,, \tag{21.2}$$

$$\Delta\overline{U} = \frac{U_{\text{ausg}}^{\max} - U_{\text{ausg}}^{\min}}{2} = \frac{1}{2}\,\check{U}\,(\cos(\Theta - \alpha) - \\ - \cos(\Theta + \alpha)) = \check{U}\sin\Theta\sin\alpha\,. \tag{21.3}$$

Wir bezeichnen außerdem mit R_i den Widerstand der Diode im leitenden Zustand und nehmen R_i als stromunabhängig an, was natürlich nur als Näherung richtig ist.

Da die Ladung, die während einer Periode ($T = 2\pi/\omega$) als mittlerer Verbrauchergleichstrom $\overline{I}$ abfließt, gleich der Ladung sein muß, die während einer Periode durch die Diode transportiert wird, folgt

$$\overline{I}\,T = \frac{1}{R_i}\int\limits_{-(\Theta+\alpha)/\omega}^{(\Theta-\alpha)/\omega}\left\{\check{U}\cos\omega t - \left[\overline{U} + \frac{\Delta\overline{U}}{\Theta}\,(\omega t + \alpha)\right]\right\}\mathrm{d}t \tag{21.4}$$

oder, wenn wir kleine Größen, d. h. solche mit $\Delta\overline{U}$, vernachlässigen,

$$\overline{I}\,T R_i \approx \frac{\check{U}}{\omega}\sin(\Theta - \alpha) + \frac{\check{U}}{\omega}\sin(\Theta + \alpha) - \overline{U}\,\frac{2\Theta}{\omega}\,. \tag{21.5}$$

Mit der Beziehung $T = 2\pi/\omega$ sowie Gl. (21.2) folgt daraus

$$\frac{\bar{I}}{\check{U}} R_{\mathrm{i}} = \frac{1}{\pi} (\sin \Theta - \Theta \cos \Theta) \cos \alpha . \qquad (21.6)$$

Da gemäß dem OHMschen Gesetz

$$\bar{I} = \frac{\overline{U}}{R_{\mathrm{a}}} \qquad (21.7)$$

sein muß, ergibt sich schließlich unter nochmaliger Anwendung von Gl. (21.2) als Bestimmungsgleichung für den Stromflußwinkel Θ

$$\frac{R_{\mathrm{i}}}{R_{\mathrm{a}}} = \frac{1}{\pi} (\tan \Theta - \Theta) . \qquad (21.8)$$

Zur Ableitung einer Beziehung für den Unsymmetriewinkel α gehen wir von der Tatsache aus, daß in der Zeit, während der die Diode gesperrt ist, der Ladungsverlust Q des Pufferkondensators C,

$$Q = 2 \Delta \overline{U} C , \qquad (21.9)$$

gleich der im selben Zeitraum durch den Verbraucher geflossenen Ladungsmenge

$$Q = \bar{I} \left(\frac{2\pi - 2\Theta}{\omega} \right) \qquad (21.10)$$

sein muß, also

$$\Delta \overline{U} C = \bar{I} \frac{\pi - \Theta}{\omega} \qquad (21.11)$$

gilt. Ersetzen wir hier $\Delta \overline{U}$ nach Gl. (21.3) und $\bar{I}$ nach Gl. (21.6), so folgt

$$\tan \alpha = \frac{1}{R_{\mathrm{i}} \omega C} \left(1 - \frac{\Theta}{\pi} \right) (1 - \Theta \cot \Theta) \qquad (21.12)$$

als Bestimmungsgleichung für α. Nachdem mit Hilfe der Gleichungen (21.8) und (21.12) sowohl der Stromflußwinkel Θ als auch der Unsymmetriewinkel α berechnet werden kann, lassen sich die mittlere Gleichspannung $\overline{U}$ und ihre Schwankung $\Delta \overline{U}$ leicht aus den Gleichungen (21.2) und (21.3) als Funktion der Belastung R_a, des Innenwiderstandes R_i und des Pufferkondensators C ermitteln. Darüber hinaus sind noch der Spitzenwert und der Effektivwert des durch die Diode fließenden Stromes von Bedeutung, da diese Größen für die Bemessung der Diode (Emissionsstrom der Katode und Verlustleistung der Röhre) und des Transformators (Verlustleistung) benötigt werden. Die Berechnung bietet keinerlei Schwierigkeiten, wenn man von dem Ausdruck für den in einer Periode durch die Diode fließenden Strom ausgeht (vgl. Abb. 21.2):

$$I(t) = \begin{cases} \dfrac{1}{R_i} \left\{ \check{U} \cos \omega t - \left[\overline{U} + \dfrac{\Delta \overline{U}}{\Theta} (\omega t + \alpha) \right] \right\} \\ \qquad \left(\text{während des Zeitintervalls } \dfrac{2\Theta}{\omega} \right), \\ 0 \\ \qquad \left(\text{während des Zeitintervalls } T - \dfrac{2\Theta}{\omega} \right). \end{cases} \tag{21.13}$$

Ebenso einfach läßt sich mit den hier abgeleiteten Formeln auch der Wirkungsgrad

$$\eta = \frac{P_0}{P_1} \tag{21.14}$$

berechnen, wobei P_0 die abgegebene Gleichstromleistung und P_1 die vom Gleichrichter aufgenommene Wechselstromleistung bezeichnet. Die Resultate aller dieser Berechnungen sind graphisch im Buch von ROTHE und

Kleen [R 4] dargestellt, wobei insbesondere zu bemerken ist, daß Θ in der Praxis bei etwa 30° bis 50° liegt (d. h. $R_i/R_a \approx 10^{-2} \ldots 10^{-1}$) und der Wirkungsgrad dann etwa 90 bis 70% beträgt.

Aufgaben:

1. Man leite für den Zweiweggleichrichter die zu (21.8) und (21.12) analogen Beziehungen ab.

Lösung:

$$\frac{R_i}{R_a} = \frac{2}{\pi} (\tan \Theta - \Theta),$$

$$\tan \alpha = \frac{1}{R_i \omega C} (1 - \Theta \cot \Theta) \left(1 - \frac{2\Theta}{\pi}\right).$$

2. Man zeige, daß dem Gleichstrom $\bar{I}$ für $\Theta \approx 30°$ ein Effektivwert des Diodenstromes von etwa $2{,}5\, n\bar{I}$ entspricht (mit $n = 1$ beim Einweg- und $n = {}^1/_2$ beim Zweiweggleichrichter).

3. Man zeige, daß für $R_i \ll R_a$ beim Einweggleichrichter die Welligkeit (Effektivwert der Grundwelle der Wechselspannung, die der Ausgangsgleichspannung überlagert ist) durch die Näherungsformel

$$U_{\text{eff}\,[\text{V}]} \approx 4{,}5 \frac{\bar{I}_{[\text{mA}]}}{C_{[\mu\text{F}]}}$$

dargestellt werden kann.

21.2. Signalgleichrichter (bei „großen" HF-Spannungen)

21.2.1. Allgemeine Behandlung nichtlinearer Zweipole

Wir betrachten einen Zweipol, dessen Strom-Spannungs-Kennlinie durch die Beziehung

$$I = \begin{cases} K U^{\gamma} & \text{für} \quad U \geqq 0 \\ 0 & \text{für} \quad U \leqq 0 \end{cases} \tag{21.15}$$

gegeben ist, und fragen nach der FOURIER-Zerlegung von I, wenn die Spannung ein amplituden- und frequenz- (bzw. phasen-) moduliertes Signal

$$U = \check{U}(t)\cos(\omega_0 t + \varphi(t)) \tag{21.16}$$

darstellt. Zu diesem Zweck bilden wir die FOURIER-Transformierte der Funktion

$$I(U)\exp(-cU), \tag{21.17}$$

wobei c eine reelle positive Konstante ist, die so groß gewählt wird, daß das FOURIER-Integral (vgl. LAPLACE-Transformation, Teil I, Abschnitt 1.3.)

$$A(\omega) = \int_{-\infty}^{+\infty} \{I(U)\exp(-cU)\}\exp(-j\omega U)\,\mathrm{d}U \tag{21.18}$$

konvergiert. Unter Berücksichtigung von Gl. (21.15) folgt daraus

$$A(\omega) = K\int_0^{\infty} U^{\gamma}\exp((-c-j\omega)U)\,\mathrm{d}U =$$

$$= K\,\frac{\Gamma(\gamma+1)}{(c+j\omega)^{\gamma+1}}, \tag{21.19}$$

wobei $\Gamma(\gamma+1)$ die sog. Gammafunktion ist (vgl. z. B. [J 1]), für die bei ganzzahligem γ

$$\Gamma(\gamma+1) = 1\cdot 2\cdot 3\cdot\ldots\cdot\gamma = \gamma! \tag{21.20}$$

gilt. Setzen wir Gl. (21.19) in das Umkehrintegral zu Gl. (21.18) (vgl. Abschnitt 1.3.) ein, so ergibt sich sofort

$$I(U) = \frac{K}{2\pi}\int_{-\infty}^{+\infty}\frac{\Gamma(\gamma+1)}{(c+j\omega)^{\gamma+1}}\exp((c+j\omega)U)\,\mathrm{d}\omega. \tag{21.21}$$

Auf Grund der Beziehungen (20.14) und (20.15) können wir für den hierin auftretenden Ausdruck [mit U nach Gl. (21.16)]

$$\exp\{(c + j\omega) U\} = \exp\{j(\omega - jc)\,\check{U}(t)\cos[\omega_0 t + \varphi(t)]\} \tag{21.22}$$

schreiben

$$\exp\{j(\omega - jc)\,\check{U}\cos(\omega_0 t + \varphi)\} = \\ = J_0((\omega - jc)\,\check{U}) + 2\sum_{s=1}^{\infty} j^s J_s((\omega - jc)\,\check{U})\cos s(\omega_0 t + \varphi) \tag{21.23}$$

und erhalten damit

$$I(U) = \frac{K}{2\pi}\int\limits_{-\infty}^{+\infty} \frac{\Gamma(\gamma+1)}{(-jc+\omega)^{\gamma+1}\, j^{\gamma+1}} \Big\{J_0((\omega - jc)\,\check{U}) + \\ + 2\sum_{s=1}^{\infty} j^s J_s((\omega - jc)\,\check{U})\cos s\,(\omega_0 t + \varphi)\Big\}\,\mathrm{d}\omega. \tag{21.24}$$

Um die Schreibweise zu vereinfachen, führen wir die Konstante ε_s ein, die durch

$$\varepsilon_s = \begin{cases} 1 & \text{für} \quad s = 0 \\ 2 & \text{für} \quad s \geqq 1 \end{cases}$$

definiert ist, und als neue Integrationsvariable $p = (\omega - jc)\,\check{U}$. Dann ergibt sich

$$I(U) = \sum_{s=0}^{\infty} \check{U}^{\gamma}\,\frac{K}{2\pi}\,\frac{\Gamma(\gamma+1)}{j^{\gamma+1-s}}\,\varepsilon_s \times \\ \times \cos s(\omega_0 t + \varphi)\int\limits_{-\infty-jc}^{+\infty-jc} \frac{J_s(p)}{p^{\gamma+1}}\,\mathrm{d}p. \tag{21.25}$$

Für das hierin auftretende Integral findet man [M 4]

$$\int\limits_{-\infty-jc}^{+\infty+jc} \frac{J_s(p)}{p^{\gamma+1}}\,\mathrm{d}p = \frac{2\pi j^{\gamma+1-s}}{2^{\gamma+1}} \frac{1}{\Gamma\left(\frac{2+\gamma-s}{2}\right)\Gamma\left(\frac{2+\gamma+s}{2}\right)} \tag{21.26}$$

und damit schließlich für den Strom

$$I(t) = K\,\check{U}^{\gamma}(t)\,\frac{\Gamma(\gamma+1)}{2^{\gamma+1}} \times$$

$$\times \sum_{s=0}^{\infty} \frac{\varepsilon_s \cos\{s(\omega_0 t + \varphi(t)\}}{\Gamma\left(\frac{2+\gamma-s}{2}\right)\Gamma\left(\frac{2+\gamma+s}{2}\right)}. \tag{21.27}$$

Schalten wir hinter den Gleichrichter einen Tiefpaß, der nur die Komponenten von $I(t)$ hindurchläßt, deren Frequenzen klein gegen ω_0 sind, und nehmen wir an, daß die Breite des Fourier-Spektrums von $U(t)$ und $\varphi(t)$ ebenfalls klein gegen die Trägerfrequenz ω_0 ist, so folgt aus Gl. (21.27) für den Strom $I_T(t)$ am Ausgang des Tiefpasses

$$I_T(t) = K\,\check{U}^{\gamma}(t)\,\frac{\Gamma(\gamma+1)}{2^{\gamma+1}}\,\frac{1}{\Gamma^2\left(1+\frac{\gamma}{2}\right)}. \tag{21.28}$$

Aus dieser Gleichung ersieht man, daß die Frequenz- (bzw. Phasen-) Modulation keinen Einfluß mehr auf den Strom besitzt und daß für eine hinreichend große Amplitude des Trägers das in der Amplitudenmodulation enthaltene Signal unverzerrt wiederentsteht. Setzen wir nämlich

$$\check{U}(t) = \check{U}_0 + \sum_n \check{U}_n \cos \Omega_n t$$

an, so folgt mit $\check{U}_0 \gg \check{U}_n$ sofort

$$I_T(t) \approx K \frac{\Gamma(\gamma+1)}{2^{\gamma+1}} \frac{1}{\Gamma^2\left(1+\frac{\gamma}{2}\right)} \times$$
$$\times \left(\check{U}_0^\gamma + \gamma\, \check{U}_0^{\gamma-1} \sum_n \check{U}_n \cos \Omega_n t\right), \quad (21.30)$$

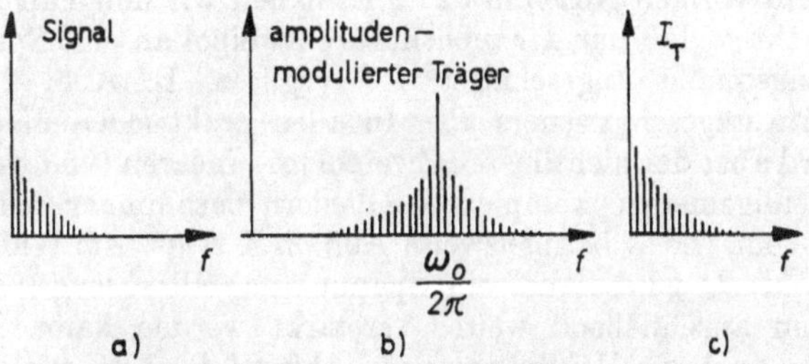

Abb. 21.3. FOURIER-Spektrum
a) des Signals; *b*) des mit dem Signal amplitudenmodulierten Trägers; *c*) des Stromes I_T nach Gl. (21.30)

wobei der erste Term den konstanten Richtstrom und die Summe das Signal darstellt (vgl. Abb. 21.3). Für die Einseitenbandmodulation [vgl. z. B. Gl. (20.7)] gilt

$$\check{U}(t) = \left\{\left(\check{U}_0 + \frac{1}{2} \sum_n \check{U}_n \cos \Omega_n t\right)^2 + \right.$$
$$\left. + \left(\frac{1}{2} \sum_n \check{U}_n \sin \Omega_n t\right)^2\right\}^{1/2} \quad (21.31)$$

und damit, wenn wir auch hierfür wieder $\check{U}_0 \gg \check{U}_n$ annehmen,

$$I_T(t) \approx K \frac{\Gamma(\gamma+1)}{2^{\gamma+1}} \frac{1}{\Gamma^2\left(1+\frac{\gamma}{2}\right)} \times$$
$$\times \left(\check{U}_0^\gamma + \frac{1}{2} \gamma\, \check{U}_0^{\gamma-1} \sum_n \check{U}_n \cos \Omega_n t\right), \quad (21.32)$$

d. h., es ergibt sich bei genügend intensivem Träger ebenfalls wieder das unverzerrte Signal am Gleichrichterausgang.

21.2.2. Einfache Gleichrichterschaltungen bei „großen“ HF-Spannungen (ohne Modulation)

Im vorigen Abschnitt 21.2.1. haben wir den Fall betrachtet, daß nur der nichtlineare Zweipol an eine Spannungsquelle angeschaltet ist (vgl. z. B. Abb. 21.5 bei kurzgeschlossenem R_a). In allen praktischen Fällen wird aber der nichtlineare Zweipol mit linearen (und zwar im allgemeinen komplexen) Gliedern zusammengeschaltet sein, wie es beispielsweise Abb. 21.4 zeigt. Am Widerstand R_a wird dabei ein Spannungsabfall erzeugt, der dann anschließend weiter verstärkt werden kann. Da aber auch die HF-Spannung in Abb. 21.4 an R_a mit ab-

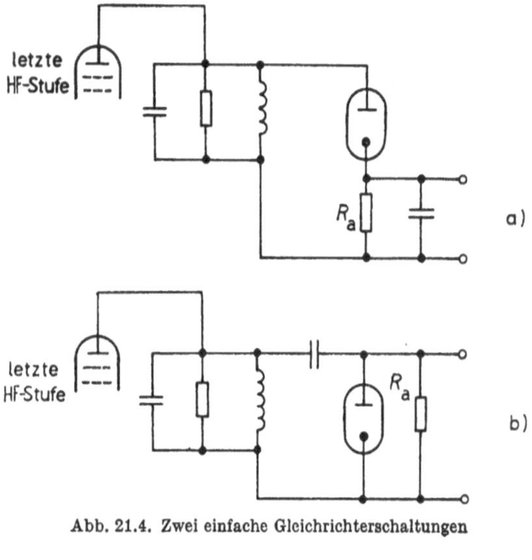

Abb. 21.4. Zwei einfache Gleichrichterschaltungen

fällt und demzufolge nur zu einem Bruchteil an der Diode zur Wirkung kommen würde, muß eine Kapazität C parallel geschaltet werden, die für die Hochfrequenz einen Kurzschluß, für die Niederfrequenz aber einen (gegen R_a) großen Widerstand darstellt. In der Schaltung nach Abb. 21.4*b* entfällt diese Notwendigkeit, und die Kapazität dient hier dazu, einen Kurzschluß der Niederfrequenz über den Schwingkreis zu verhindern. Die allgemeine Behandlung derartiger Schaltungen wird natürlich wegen der Frequenzabhängigkeit der Widerstände weitaus schwieriger als die im Abschnitt 21.2.1. Wir begnügen uns deshalb hier mit einer Berechnung der Schaltung nach Abb. 21.4 *a* für einen unmodulierten Träger, wobei wir das Ersatzschaltbild der Abb. 21.5 verwenden können.

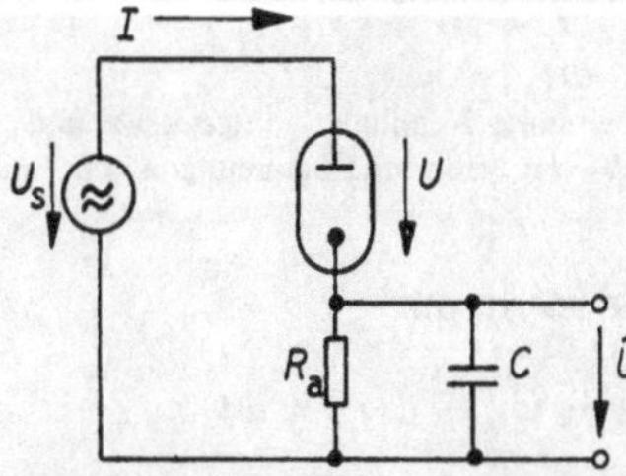

Abb. 21.5. Ersatzschaltbild des Gleichrichters nach Abb. 21.4*a*

Bezeichnen wir mit U die Spannung an der Diode, mit $U_s = \check{U}_s \cos \omega t$ die Signalspannung und mit $\overline{U}_0$ den Gleichspannungsabfall an R_a infolge des Richtstromes, so folgt für den Stromflußwinkel (vgl. Abb. 21.6)

$$\cos \Theta = \frac{\overline{U}_0}{\check{U}_s} \tag{21.33}$$

und, wenn wir die Kennlinie wieder durch eine Funktion der Form

$$I = \begin{cases} K U^{\gamma} & \text{für } U \geqq 0 \\ 0 & \text{für } U \leqq 0 \end{cases} \tag{21.34}$$

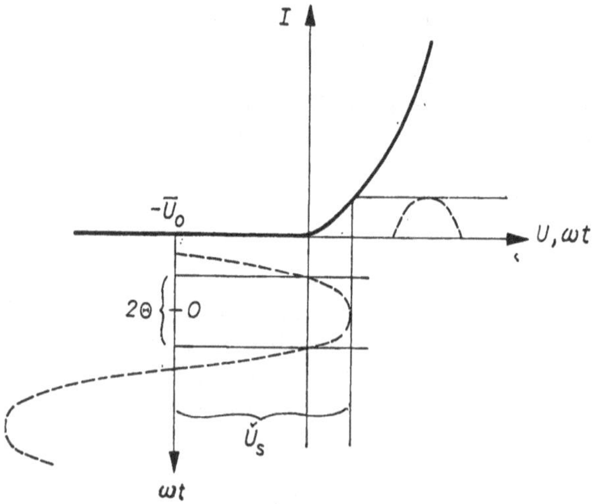

Abb. 21.6. Strom-Spannungs-Kennlinie (*ausgezogen*) und zeitlicher Verlauf (*gestrichelt*) von Strom und Spannung bei der Schaltung nach Abb. 21.5

darstellen, für den Strom

$$I = \begin{cases} K(-\bar{U}_0 + \check{U}_s \cos \omega t)^\gamma & \text{für } \check{U}_s \cos \omega t \geqq \bar{U}_0, \\ 0 & \text{für } \check{U}_s \cos \omega t \leqq \bar{U}_0. \end{cases} \tag{21.35}$$

Durch Fourier-Zerlegung dieses Stromes erhalten wir den Gleichstromanteil

$$\bar{I} = I_{sp} f_0(\Theta) \tag{21.36}$$

und die Amplitude der Grundwelle

$$\check{I}_1 = I_{sp} f_1(\Theta). \tag{21.37}$$

Hierbei bezeichnet I_{sp} den Spitzenstrom,

$$I_{sp} = K(-\bar{U}_0 + \check{U}_s)^\gamma, \tag{21.38}$$

und $f_0(\Theta)$ bzw. $f_1(\Theta)$ zwei Funktionen des Stromflußwinkels, über die an anderer Stelle [vgl. Gln. (18.9)ff.] schon ausführlich berichtet wurde. Setzen wir

$$\overline{U}_0 = \overline{I} R_a \tag{21.39}$$

unter Berücksichtigung der Gleichungen (21.36) und (21.38) in den Ausdruck für $\cos\Theta$ [Gl. (21.33)] ein, so folgt

$$\check{U}_s \cos\Theta = R_a f_0(\Theta) K(-\overline{U}_0 + \check{U}_s)^\gamma \tag{21.40}$$

oder unter nochmaliger Verwendung von Gl. (21.33)

$$\cos\Theta = R_a f_0(\Theta)\, \check{U}_s^{\gamma-1} K(1 - \cos\Theta)^\gamma. \tag{21.41}$$

Diese Beziehung erlaubt die Bestimmung des Stromflußwinkels bei bekanntem R_a und vorgegebener Diodenkennlinie (K und γ), und man erkennt, daß Θ nur dann unabhängig von $\check{U}_s$ wird, wenn $\gamma = 1$ ist. Auf Grund der Beziehung (21.33) erhält man somit den wichtigen Satz, *daß die Richtspannung $\overline{U}_0$ nur dann dem Signal $\check{U}_s$ direkt proportional ist, d. h. eine exakt lineare Gleichrichtung vorliegt, wenn die Gleichrichterkennlinie durch eine gebrochene Gerade [Gl. (21.34) mit $\gamma = 1$] dargestellt werden kann.* Gl. (21.41) vereinfacht sich für diesen Fall [$\gamma = 1$, $K \equiv 1/R_i$ und $f_0(\Theta)$ gemäß Gln. (18.10) und (18.12)] zu der schon beim Netzgleichrichter abgeleiteten Beziehung

$$\frac{R_i}{R_a}\pi = \tan\Theta - \Theta, \tag{21.42}$$

mit der man das Verhältnis $\overline{U}_0/\check{U}_s$ [vgl. Gl. (21.33)] leicht als Funktion von R_a/R_i berechnen kann. Man findet, daß $\overline{U}_0/\check{U}_s$ monoton mit R_a/R_i anwächst und im Grenzfall $R_a \gg R_i$ den Wert 1, d. h. $\overline{U}_0 = \check{U}_s$, annimmt.

Zum Abschluß dieser Betrachtungen wollen wir noch den hochfrequenten Eingangswiderstand des Gleichrichters berechnen. Wir haben also den Quotienten

$$R_1 = \frac{\check{U}_s}{\check{I}_1} \tag{21.43}$$

zu bilden, für den sich mit den Gleichungen (21.37) und (21.38) sowie Gl. (21.33)

$$R_1 = \frac{\check{U}_s}{f_1(\Theta) K \check{U}_s^\gamma (1 - \cos\Theta)^\gamma} \tag{21.44}$$

ergibt. Unter der Annahme einer geradlinigen Kennlinie [$\gamma = 1, K \equiv 1/R_i$ und $f_1(\Theta)$ gemäß Gl. (18.9) und (18.11)] folgt daraus

$$R_1 = \frac{\pi R_i}{\Theta - \sin\Theta\cos\Theta} \tag{21.45}$$

und, wenn wir noch R_i mit Hilfe von Gl. (21.42) ersetzen,

$$R_1 = \frac{R_a(\tan\Theta - \Theta)}{\Theta - \sin\Theta\cos\Theta}. \tag{21.46}$$

Für den Optimalfall $R_a/R_i \to \infty$, d. h. $\Theta \to 0$, ergibt sich also

$$R_1 = \frac{R_a}{2}. \tag{21.47}$$

Bei großen Lastwiderständen R_a ist somit der hochfrequente Eingangswiderstand der Gleichrichterschaltung (d. h. der Widerstand zwischen der Anode und der Katode der Diode in Abb. 21.4*a*, da die Kapazität für die Hochfrequenz einen Kurzschluß darstellt) gleich $R_a/2$.

Dieser Satz gilt nicht nur für $\gamma = 1$, sondern auch für $\gamma = 0, {}^1/_2, {}^3/_2, 2$, wie man durch Einsetzen der entsprechenden Funktionen $f_1(\Theta)$ in Gl. (21.44) und Durchführung des Grenzübergangs $\Theta \to 0$ nachprüfen kann.

Bei der Gleichrichterschaltung nach Abb. 21.4 *b* erhält man einen kleineren Eingangswiderstand, und zwar

$$R_1 = \frac{R_a \dfrac{R_a}{2}}{R_a + \dfrac{R_a}{2}} = \frac{R_a}{3}, \tag{21.48}$$

da hier parallel zur Diode noch der Widerstand R_a liegt. Auf die Behandlung dieser Schaltungen bei Anwesenheit von modulierten HF-Spannungen sowie der Audion- und Anodengleichrichtung können wir hier nicht eingehen und verweisen auf die entsprechende Spezialliteratur.

Stichwort- und Literaturverzeichnis

In dieser Zusammenstellung werden vorzugsweise Buchveröffentlichungen zitiert.

Die Spalten A—D haben folgende Bedeutung:
A: Seitenzahl des vorliegenden Buches für das entsprechende Stichwort
B: Werke zur Information, Einführungen
C: grundlegende Werke
D: technische Anwendungen, Berechnungsgrundlagen

	A	B	C	D
Neutralisation		[B 9]	[Z 1]	[M 9b]
Niederfrequenzoszillatoren				[P 8], [S 5]
Niederfrequenzverstärker			[R 2], [S 19], [D 4]	[B 9], [M 9a]
Nullabgleich	59, 61, 63			
Nullpunktkonstanz				[B 3], [P 8], [S 16]
NYQUIST-Kriterium	45		[B 7]	
Operationsverstärker		[R 11], [D 3], [B 9]	[A 3], [L 4], [W 8]	[S 18], [S 16]
Oszillatoren	98	[D 3], [B 2]	[R 4], [M 3], [Z 1], [E 2]	[M 9e], [D 4], [H 7], [P 8]
– mit äußerer EMK	112		[P 2]	
– mit zwei Freiheitsgraden	108		[B 10]	
Pendelrückkopplung		[B 2]		[B 9]
Pentodenverstärker	18			
Phantastron				[B 9], [M 6], [P 8]
Phasendetektor				[P 8]
phasenempfindlicher Gleichrichter		[H 3b], [R 4]		[B 9], [S 5]
Phasenhub	125		[W 4]	
Phasenkonstante	25			
Phasenminimumsysteme	45		[B 7]	
Phasenmodulation	125		[B 12], [W 4], [S 14]	[P 8], [Z 1], [R 5]
Phasenschieber	70			[S 5]
Phasenumkehrschaltungen		[D 5]		[B 9], [S 5]
Phasenwinkel	17			
Quarzoszillatoren	115	[S 20], [B 2]	[H 2]	[P 8]
quasistabiler Zustand	121			
Rauschen von Verstärkern				[M 9]
–, Übertragung durch nichtlineare Systeme				[M 9i]
Ratiodetektor				[P 8], [B 9]
RC-Generatoren		[Z 1]		[P 8], [B 9], [S 5]

[A 1] APEL, K.: Elektronische Zählschaltungen. Franckh'sche Verlagshandlung, Stuttgart 1961.

[A 2] ARSCHINOW, S. S.: Frequenzkonstanz von Röhrengeneratoren. VEB Verlag Technik, Berlin 1955 (Übers. aus dem Russ.).

[A 3] ADLER, H.: Elektronische Analogrechner. VEB Deutscher Verlag der Wissenschaften, Berlin 1968.

[B 1] BABB, D. S.: Pulse Circuits, Switching and Shaping. Prentice Hall, Englewood Cliffs/N. J. 1964.

[B 2] BARKHAUSEN, H.: Lehrbuch der Elektronenröhren und ihrer technischen Anwendungen, Bd. 2—4. Hirzel-Verlag, Leipzig 1962—1964.

[B 3] BARTELS, H.: Grundlagen der Verstärkertechnik. Hirzel-Verlag, Stuttgart 1954.

[B 4] BARTELS, K., und B. OKLOBDZIJA: Schaltungen und Elemente der digitalen Technik. Verlag für Radio-Foto-Kinotechnik, Berlin 1964.

[B 5] BENZ, F.: Einführung in die Funktechnik. Springer-Verlag, Wien 1950.

[B 6] BRUINSMA, A. H.: Multivibrator-Schaltungen. Deutsche Philips GmbH, Hamburg 1968.

[B 7] BODE, H.: Network Analysis and Feedback Amplifier Design. D. van Nostrand Co., New York 1945.

[B 8] BRUNNER, W.: Zur Dimensionierung von Kettenverstärkern. Nachrichtentechnik **9** (1959) 554—558.

[B 9] BITTERLICH, W.: Einführung in die Elektronik. Springer-Verlag, Wien 1967.

[B 10] BRUYLAND, I.: Oscillators Capable of Two Frequency Operation. A. E. Ü. **22** (1968) 479—486.

[B 11] BALDINGER, E., und U. SPYCHER: Oszillografen und Verstärker. In: VOLLRATH, K., und G. THOMER: Kurzzeitphysik. Springer-Verlag, Wien 1967.

[B 12] BLACK, H. S.: Modulation Theory. Bell Lab. Syst., New York 1953.

[B 13] BRAUN, R., und H. KOLBE: Die UKW-Technik. Fachbuch-Verlag, Leipzig 1952.

[B 14] BORUCKI, L., und J. DITTMANN: Digitale Meßtechnik. Springer-Verlag, Berlin 1966.

[C 1] CHANCE, B., V. HUGHES, E. F. MACNICHOL, D. SAYRE und F. C. WILLIAMS: Waveforms. McGraw-Hill Book Co. Inc., New York 1949.

[C 2] CHANCE, B., R. I. HULSIZER, E. F. MACNICHOL und F. C. WILLIAMS: Electronic Time Measurements. McGraw-Hill Book Co. Inc., New York 1949.

[C 3] CONRAD, W.: Grundschaltungen der Funk- und Fernsehtechnik. VEB Verlag Technik, Berlin 1964.

[C 4] Czech, J.: Oszillografen-Meßtechnik. Verlag für Radio-Foto-Kinotechnik, Berlin 1967.

[D 1] Dobesch, H.: Impulstechnik. VEB Verlag Technik, Berlin 1964.

[D 2] Doyle, J. M.: Pulse Fundamentals. Prentice Hall, Englewood Cliffs/N. J. 1963.

[D 3] Davis, W. L., und W. R. Weed: Grundlagen der Elektronik (Übers. a. d. Englischen). Verlag Berliner Union, Stuttgart 1964.

[D 4] Dammers, B. G., et al.: Anwendungen der Elektronenröhren in Rundfunkempfängern und Verstärkern, 2 Bde. Deutsche Philips GmbH, Hamburg 1949 und 1951.

[D 5] Diciol, O.: Niederfrequenzverstärker-Praktikum. Franzis-Verlag, München 1959.

[E 1] Elmore, W. C., und H. Sands: Electronics, Experimental Techniques. McGraw-Hill Book Co., Inc., New York 1949.

[E 2] Edson, W. A.: Vacuum Tube Oscillators. John Wiley & Sons, New York 1953.

[E 3] Ernst, D.: Elektronische Analogrechner. Oldenbourg-Verlag, München 1960.

[E 4] Eisler, P.: Gedruckte Schaltungen. Carl Hanser Verlag, München 1961.

[F 1] Feldtkeller, R., und G. Bosse: Einführung in die Nachrichtentechnik. Wittwer-Verlag, Stuttgart 1962.

[F 2] Fleischer, H., ed.: Lehrbuch der Fernmeldetechnik. Verlag Schiele & Schön, Berlin 1967.

[F 3] Fitzgerald, A. E., und D. E. Higginbotham: Electrical and Electronic Engineering Fundamentals. Mc Graw-Hill Book Co. Inc., New York 1964.

[F 4] Früngel, F.: Impulstechnik. Akademische Verlagsgesellschaft Geest & Portig, Leipzig 1960.

[F 5] Feldtkeller, R.: Einführung in die Vierpoltheorie. Hirzel-Verlag, Stuttgart 1962.

[G 1] Gille, J. C., M. Pelegrin und P. Decaulne: Lehrgang der Regelungstechnik, Bd. 1—3. VEB Verlag Technik, Berlin 1960—1963.

[G 2] Glasoe, G. M., und J. V. Lebacqz: Pulse Generators. McGraw-Hill Book Co. Inc., New York 1948.

[G 3] Gray, J. W.: Vacuum Tube Amplifiers. McGraw-Hill Book Co. Inc., New York 1948.

[G 4] Gruhle, W.: Elektronische Hilfsmittel des Physikers. Springer-Verlag, Berlin—Göttingen—Heidelberg 1960.

[G 5] Günther, H.: Eigenschaften des *RC*-Doppel-T-Vierpols. VEB Verlag Technik, Berlin 1953.

[H 1] Hemenway, C. L.: Physical Electronics. John Wiley & Sons, New York 1963.

[H 2] Herzog, W.: Oszillatoren mit Schwingkristallen. Springer-Verlag, Berlin—Göttingen—Heidelberg 1958.

[H 3] Holzmüller, W.: Technische Physik
a Bd. I. VEB Verlag Technik, Berlin 1959.
b Bd. II/2. B. G. Teubner Verlagsgesellschaft, Leipzig 1966.

[H 4] Henney, K.: Radio Engineering Handbook. Mc Graw-Hill Book Co. Inc., New York 1959.

[H 5] Hahn, R.: Digitale Steuerungstechnik. Franckh'sche Verlagshandlung, Stuttgart 1961.

[H 6] Hölzler, E., und H. Holzwarth: Theorie und Technik der Pulsmodulation. Springer-Verlag, Berlin 1957.

[H 7] Heyboer, J. P., und P. Zijlstra: Senderöhren. Deutsche Philips GmbH, Hamburg 1951.

[J 1] Jahnke, E., und F. Emde: Tafeln höherer Funktionen. B. G. Teubner Verlagsgesellschaft, Leipzig 1960.

[K 1] Kohn, G.: Die Beschreibung des Umklappvorgangs beim Multivibrator. Arch. elektr. Übertrag. (AEÜ) **14** (1960) 193—203.

[K 2] Kaden, H.: Impulse und Schaltvorgänge in der Nachrichtentechnik. R. Oldenbourg Verlag, München 1957.

[K 3] Kammerloher, J.: Hochfrequenztechnik, Bd. 2 und 3. Winter'sche Verlagshandlung, Füssen 1957.

[K 4] Kaufmann, H.: Dynamische Vorgänge in linearen Systemen der Nachrichten- und Regeltechnik. R. Oldenbourg Verlag, München 1959.

[K 5] Köhler, W.: Verstärker. VEB Verlag Technik, Berlin 1963.

[K 6] Korn, G. A., und T. M. Korn: Elektronische Analogierechenmaschinen. VEB Verlag Technik, Berlin 1960 (Übers. aus dem Amer.).

[K 7] Kreizer, W. L.: Videoverstärker. VEB Verlag Technik, Berlin 1956.

[K 8] Kretzmann, R.: Schaltungsbuch der industriellen Elektronik. Verlag für Radio-Foto-Kinotechnik, Berlin 1955.

[K 9] Kretzmann, R.: Handbuch der industriellen Elektronik. Verlag für Radio-Foto-Kinotechnik, Berlin 1955.

[K 10] Kretzmann, R., ed.: Handbuch der Elektronik. Verlag für Radio-Foto-Kinotechnik, Berlin 1968.

[K 11] Kulp, M.: Elektronenröhren und ihre Schaltungen. Verlag Vandenhoeck & Ruprecht, Göttingen 1963.

[K 12] Klein, G., und J. J. Zaalberg van Zelst: Differenzverstärker. Philips Techn. Rdsch. **22** (1961) 403—410 und **23** (1962) 69—78 und 121—130.

[L 1] Lewis, I. A. D., und F. W. Wells: Millimicrosecond Pulse Techniques. Pergamon Press, London 1959.

[L 2] Landee, R. W., D. C. Davis und A. P. Albrecht: Electronic Designers' Handbook. McGraw-Hill Book Co. Inc., New York 1957.

[L 3] Limann, O.: Dioden-, Röhren- und Transistorvoltmeter. Franzis-Verlag, München 1966.

[L 4] Lynch, W. A., und I. G. Truxal: Signals and Systems in Electrical Engineering. McGraw-Hill Book Co. Inc., New York 1962.

[L 5] Lange, F. H.: Signale und Systeme, 2 Bde. VEB Verlag Technik, Berlin 1965 und 1968.
a Spektrale Darstellung (Bd. I),
b Gesteuerte elektronische Systeme (Bd. II).

[M 1] Muller, F. A.: High-Frequency Compensation of *RC*-Amplifiers. Proc. IRE **42** (1954) 1271—1276.

[M 2] Margenau, H., und G. M. Murphy: Die Mathematik für Physik und Chemie, Bd. 1. B. G. Teubner Verlagsgesellschaft, Leipzig 1964; Verlag H. Deutsch, Frankfurt a. M. und Zürich 1965.

[M 3] Model, S. L., und I. Ch. Newjashskij: Hochfrequenzsender. VEB Verlag Technik, Berlin 1953.

[M 4] Middleton, D.: An Introduction to Statistical Communication Theory. McGraw-Hill Book Co. Inc., New York 1960.

[M 5] Masel, K. B.: Gleichrichter und Spannungsregler. Fachbuch-Verlag, Leipzig 1954.

[M 6] Millmann, J., und H. Taub: Impuls- und Digitalschaltungen. VEB Verlag Technik, Berlin 1963.

[M 7] Markus, J., und V. Zeluff: Handbook of Industrial Electronic Circuits. McGraw-Hill Publishing Co., London 1951.

[M 8] Markus, J., und V. Zeluff: Handbook of Industrial Electronic Control Circuits. McGraw-Hill Book Co. Inc., New York 1956.

[M 9] Meinke, H., und F. W. Gundlach ed.: Taschenbuch der Hochfrequenztechnik, Springer-Verlag, Berlin—Göttingen—Heidelberg 1962

a Bartels, H., H. Behling et al. (N. Vor- und Leistungsverstärker),
b Egger, A., und A. Ruhrmann (O. Sendeverstärker und Neutralisation),
c Cantz, R., und R. Olschewski (P. Gleichrichtung),
d Cantz, R., R. Olschewski und E. Willwacher (Q. Mischung),
e Jaumann, A. (R. Schwingungserzeugung),
f Steinbuch, K. (S. Impulstechnik),
g Kettel, E., und A. Ruhrmann (U. Modulation),
h Egger, A., und A. Ruhrmann (W. Sender),
i Hacks, I., und W. Pöhlmann (X. Empfänger),
k Andrieu, R., und K. Fränz (Z. Stromversorgungsgeräte).

[M10] Möller, H. G.: Die physikalischen Grundlagen der Hochfrequenztechnik. Springer-Verlag, Berlin—Göttingen—Heidelberg 1955.

[M 11] Moskowitz, S., und J. Racher: Pulse Techniques. Prentice Hall, New York 1951.

[M12] Müller-Lübeck, K.: Der Kathodenverstärker in der elektronischen Meßtechnik. Springer-Verlag, Berlin—Göttingen—Heidelberg 1956.

[M13] Mejerowitsch, L. A., und L. G. Selitschenko: Impulstechnik. VEB Verlag Technik, Berlin 1959 (Übers. aus dem Russ.).

[M14] Millner, R.: Katodenstrahl-Oszillografen. VEB Verlag Technik, Berlin 1969.

[M15] Meiling, W., und F. Stary: Nanosecond Pulse Techniques. Akademie-Verlag, Berlin 1969.

[N 1] Neeteson, P. A.: Elektronenröhren in der Impulstechnik. Philips Technische Bibliothek, Eindhoven 1961.

[N 2] Nüsslein, G.: Gleichspannungsverstärker. VEB Verlag Technik, Berlin 1952.

[P 1] Pfeifer, H.: Die Erzeugung ungedämpfter elektrischer Schwingungen in Serien- und Parallelschwingkreisen. Z. angew. Phys. 6 (1954) 508—510.

[P 2] Pol, B. van der: Erzwungene Schwingungen in einem Kreis mit nichtlinearem Widerstand. Philos. Mag. **3** (1927)65.

[P 3] Philippow, E.: Nichtlineare Elektrotechnik. Akademische Verlagsgesellschaft Geest & Portig, Leipzig 1963.

[P 4] Pitsch, H.: Lehrbuch der Funkempfangstechnik, Bd. 1 und 2. Akademische Verlagsgesellschaft Geest & Portig, Leipzig 1963 und 1964.

[P 5] Popow, E. P.: Dynamik automatischer Regelsysteme. Akademie-Verlag, Berlin 1958.

[P 6] Popow, E. P.: Näherungsmethoden zur Untersuchung nichtlinearer Regelsysteme. Akademische Verlagsgesellschaft Geest & Portig, Leipzig 1963.

[P 7] Popow, E. P.: Einführung in die Regelungs- und Steuerungstechnik. VEB Verlag Technik, Berlin 1964.

[P 8] Philippow, E., ed.: Taschenbuch Elektrotechnik, Bd. 3. VEB Verlag Technik, Berlin 1968.

[P 9] Peters, J.: Einschwingvorgänge, Gegenkopplung, Stabilität, Springer-Verlag, Berlin 1954.

[R 1] Rothe, H., und W. Kleen: Grundlagen und Kennlinien der Elektronenröhren. Akademische Verlagsgesellschaft Geest & Portig, Leipzig 1953.

[R 2] Rothe, H., und W. Kleen: Elektronenröhren als Anfangsstufenverstärker. Akademische Verlagsgesellschaft Geest & Portig, Leipzig 1948.

[R 3] Rothe, H., und W. Kleen: Elektronenröhren als End- und Sendeverstärker. Akademische Verlagsgesellschaft Geest & Portig, Leipzig 1953.

[R 4] Rothe, H., und W. Kleen: Elektronenröhren als Schwingungserzeuger und Gleichrichter. Akademische Verlagsgesellschaft Geest & Portig, Leipzig 1948.

[R 5] Raschkowitsch, A.: Phasenwinkelmodulation. Fachbuch-Verlag, Leipzig 1952.

[R 6] Richter, H.: Impulspraxis — Röhrenschaltungen. Franckh'sche Verlagshandlung, Stuttgart 1961.

[R 7] Rint, C., K. Kretzer und W. Diefenbach ed.: Handbuch für Hochfrequenz- und Elektrotechniker, Bd. 1—7. Verlag für Radio-Foto-Kinotechnik, Berlin 1952—1964.

[R 8] Ritschie, A. E., und S. H. Washburn: The Design of Switching Circuits. D. van Nostrand Co., New York 1951.

[R 9] Rumpf, K. H.: Bauelemente der Elektronik. VEB Verlag Technik, Berlin 1968.

[R 10] RYDER, J. D.: Electronic Fundamentals and Applications. Prentice Hall, London 1964.

[R 11] RÖSCHLAU, H.: Handbuch der angewandten Impulstechnik. Deckers Verlag, Hamburg 1965.

[R 12] RUPPRECHT, T.: Lineare Impulsverstärkung. Deckers Verlag, Hamburg 1962.

[S 1] SCHIENEMANN, R.: Telegraphen-, Fernsprech-, Funk- und Fernsehtechnik **27** (1939) 1—7.

[S 2] SMIRNOW, W. I.: Lehrgang der höheren Mathematik, Teil III/2. VEB Deutscher Verlag der Wissenschaften, Berlin 1963 (Übers. aus dem Russ.).

[S 3] SOMMERFELD, A.: Vorlesungen über theoretische Physik, Bd. 6. Akademische Verlagsgesellschaft Geest & Portig, Leipzig 1952.

[S 4] SCHLEGEL, H. R., und R. NOWAK: Impulstechnik. Fachbuchverlag Schütz, Hannover 1955.

[S 5] SCHRÖDER, H.: Elektrische Nachrichtentechnik, Bd. 2. Verlag für Radio-Foto-Kinotechnik, Berlin 1963.

[S 6] SCHRÖTER, F., ed.: Fernsehtechnik, Bd. 1 und 2. Springer-Verlag, Berlin—Göttingen—Heidelberg 1956 und 1963.

[S 7] SEELY, S.: Electron-Tube-Circuits. McGraw-Hill Book Co. Inc., New York 1958.

[S 8] SIFOROW, W. I.: Funkempfangs-Geräte. VEB Verlag Technik, Berlin 1957 (Übers. aus dem Russ.).

[S 9] STEIMEL, K.: Elektronische Speisegeräte. Franzis-Verlag, München 1957.

[S 10] STRUTT, M. J. O.: Verstärker und Empfänger. Springer-Verlag, Berlin—Göttingen—Heidelberg 1951.

[S 11] STÖLLNER, H.: Praktische Impulstechnik. Franzis-Verlag, München 1963.

[S 12] SCHURE, A.: Limiters and Clippers. Rider Publ., New York 1955.

[S 13] SOBOTKA, H.: Hochfrequenzindustriegeneratoren. Deutsche Philips GmbH, Hamburg 1964.

[S 14] STEINBUCH, K., und W. RUPPRECHT: Nachrichtentechnik. Springer-Verlag, Berlin 1967.

[S 15] SOLODOWNIKOW, W. W., ed.: Grundlagen der selbsttätigen Regelung, 2 Bde. VEB Verlag Technik, Berlin 1958 und 1959.

[S 16] SOLODOWNIKOW, W. W., ed.: Bauelemente der Regelungstechnik, Bd. 2. VEB Verlag Technik, Berlin 1963.

[S 17] SUSSKIND, A. K.: Notes on Analog-Digital-Conversion Techniques. J. Wiley & Sons, New York 1957.

[S 18] SPEISER, A. P.: Impulsschaltungen. Springer-Verlag, Berlin 1967.

[S 19] SHEA, R. F.: Amplifiers Handbook. Mc Graw-Hill Book Co. Inc., New York 1966.

[S 20] SCHURE, A.: Kristalloszillatoren (Übers. a. d. Englischen). VEB Verlag Technik, Berlin 1962.

[T 1] TUČEK, Z., und R. IRMLER: Überlagerungsempfänger. VEB Verlag Technik, Berlin 1961.

[T 2] Telefunken AG: Röhre und Transistor als Vierpol. AEG-Telefunken, Heilbronn 1967.

[V 1] VALLEY, G. E., und H. WALLMANN: Vacuum Tube Amplifiers. McGraw-Hill Book Co. Inc., New York 1948.

[V 2] VILBIG, F.: Lehrbuch der Hochfrequenztechnik, Bd. 1 und 2. Akademische Verlagsgesellschaft, Frankfurt/Main 1958 und 1960.

[V 3] VOORHOEVE, N. A. J.: Niederfrequenz-Verstärkertechnik-Deutsche Philips GmbH, Hamburg 1953.

[W 1] WUNSCH, G.: Bemerkungen und Ergänzungen zur KÜPFMÜLLERschen Einschwingformel. Z. Hochfrequenztechn. Elektroakust. **69** (1960) 35–39.

[W 2] WUNSCH, G.: Laufzeitverzerrungen und Verzögerungsschaltungen. VEB Verlag Technik, Berlin 1960.

[W 3] WAGNER, B.: Elektronische Verstärker. VEB Verlag Technik, Berlin 1961.

[W 4] WOSCHNI, E. G.: Frequenzmodulation. VEB Verlag Technik, Berlin 1962.

[W 5] WAGNER, S. W., ed.: Stromversorgung elektronischer Schaltungen und Geräte. Deckers Verlag, Hamburg 1964.

[W 6] WOLIN, M. L.: Zwischenfrequenzverstärker. VEB Verlag Technik, Berlin 1955.

[W 7] WOLF, G.: Oszillografen und ihre Breitbandverstärker. Franzis-Verlag, München 1966.

[W 8] WINKLER, H.: Elektronische Analogieanlagen. Akademie-Verlag, Berlin 1963.

[Z 1] ZINKE, O., und H. BRUNSWIG: Lehrbuch der Hochfrequenztechnik. Springer-Verlag, Berlin—Göttingen—Heidelberg 1965.

Inhaltsverzeichnis der weiteren Bände

Der Verfasser

- behandelt die Vierpolgleichungen der Elektronenröhre, einige Grundlagen der Vierpoltheorie sowie verschiedene Arten von Verstärkern, wie Breitbandverstärker, Resonanzverstärker, Kettenverstärker, Selektivverstärker, End- und Sendeverstärker

- geht auf Rückkopplung und Regelung, auf die nichtlineare Theorie elektrischer Schwingungen (Sender) und auf die Erzeugung ungedämpfter Sinusschwingungen sowie von Relaxations- (Rechteck-) Schwingungen ein

- erläutert Modulation, Gleichrichtung, Netzgleichrichter sowie einfache Gleichrichterschaltungen

WISSENSCHAFTLICHE TASCHENBÜCHER

FSC
www.fsc.org
MIX
Papier | Fördert gute Waldnutzung
FSC® C083411

Zeitfracht Medien GmbH
Ferdinand-Jühlke-Straße 7
99095 Erfurt, Deutschland
produktsicherheit@kolibri360.de